R. 236g.
9.

A conserver

12880

RECHERCHES

SUR LES CAUSES

DES

PRINCIPAUX FAITS PHYSIQUES.

TOME PREMIER.

RECHERCHES

SUR LES CAUSES

DES

PRINCIPAUX FAITS PHYSIQUES,

Et particulièrement sur celles de la Combustion, de l'Elévation de l'eau dans l'état de vapeurs ; de la Chaleur produite par le frottement des corps solides entre eux ; de la Chaleur qui se rend sensible dans les décompositions subites, dans les effervescences et dans le corps de beaucoup d'animaux pendant la durée de leur vie ; de la Causticité, de la Saveur et de l'Odeur de certains composés ; de la Couleur des corps ; de l'Origine des composés et de tous les minéraux ; enfin de l'Entretien de la vie des êtres organiques, de leur accroissement, de leur état de vigueur, de leur dépérissement et de leur mort.

Avec une Planche.

PAR J. B. LAMARCK,

Professeur de Zoologie au Museum National d'Histoire Naturelle.

TOME PREMIER.

A PARIS,

Chez MARADAN, Libraire, rue du Cimetière-André-des-Arts, n°. 9.

SECONDE ANNÉE DE LA RÉPUBLIQUE

AU PEUPLE FRANÇAIS.

*Accepte, Peuple magnanime et vic-
torieux de tous tes ennemis, Peuple qui
as su recouvrer les droits sacrés et im-
prescriptibles que tu reçus de la nature;*

*Accepte, dis-je, non l'hommage adu-
lateur qu'adressoient dans l'ancien régi-
me (1) des esclaves rampans, à des Rois,
des Ministres, ou des Grands qui les proté-
geoient; mais le tribut d'admiration que tes
vertus et ton énergie, développées par la sa-
gesse et l'intrépide constance de tes Repré-
sentans, t'ont mérité;*

*Accepte enfin un ouvrage, fruit de beau-
coup de méditations et de recherches, qui*

---

(1) J'ai été fortement engagé par Anisson-Duperron,
de dédier ma Flore Française au Ministre, lorsqu'on l'im-
prima au Louvre; d'autres vouloient que j'en fisse hommage à Louis Capet; d'autres enfin me témoignèrent le

a 3

peut, sous divers points de vue, devenir très-utile à l'humanité entière, qui peut donner lieu aux découvertes les plus précieuses, soit dans les travaux ordinaires de la vie, soit sur-tout dans les principales parties de l'art de guérir ; un ouvrage en un mot que je n'ai composé que dans ces vues, et dont je te fais hommage, et par attachement, et par le desir que j'ai de partager ta gloire, en contribuant au moins, selon mes foibles facultés, à être utile à mes semblables, mes frères, mes égaux.

Signé, *LAMARCK.*

---

plaisir particulier qu'une dédicace de mon ouvrage feroit à un ci-devant Seigneur qu'on m'indiquoit. J'ai persisté dans le goût particulier que j'avois dès-lors de ne me courber devant personne. J'ai conservé le même penchant, lorsque j'ai commencé à publier mes travaux de Botanique pour la nouvelle Encyclopédie.

AVERTISSEMENT.

JE donne maintenant au public un ouvrage que j'ai composé il y a environ dix-huit ans, et que je présentai quatre ans après [le 22 avril 1780], à la ci-devant Académie des Sciences de Paris. Cette Compagnie savante n'eut connoissance que du titre de l'ouvrage, parce qu'ayant nommé des commissaires pour l'examiner et lui en rendre compte, le rapport ne lui en fut point fait. Les motifs qui portèrent les commissaires à mettre des lenteurs énormes dans l'examen de cet ouvrage, enfin à éloigner et même à éluder entièrement le rapport dont ils étoient chargés, intéressent trop peu le lecteur, pour que je lui en fasse part aujourd'hui. Je dirai seulement que, frappé de la vraisemblance, j'ose même ajouter de l'évidence, que me parurent avoir les idées qui naquirent de mes recherches sur un grand nombre de faits physiques; et que cependant des considérations relatives à la *tranquillité* par-

a 4

ticulière dont j'eus besoin alors , pour me livrer aux grands travaux que j'entrepris sur la Botanique , m'ayant porté à suspendre la publication de cet ouvrage , je pris le parti de le faire parapher par le secrétaire de la ci-devant Académie des Sciences de Paris , afin de m'assurer la date de tout ce qu'il contenoit alors de neuf à plusieurs égards.

Délivré maintenant de toute inquiétude , par la bienfaisance de la Révolution française , et me livrant librement à la douce espérance d'être utile, je ne balance pas à publier aujourd'hui mon ouvrage.

J'avoue que dans ce moment, où la *théorie pneumatique* a obtenu le suffrage de la plupart des chymistes les plus célèbres, celle que je propose, quelque fondement qu'elle puisse avoir , aura néanmoins l'extrême désavantage vis-à-vis de toutes les personnes prévenues en faveur de cette théorie pneumatique, de paroître fort rapprochée des théories anciennes; et que, par cette seule raison, elle pourra éprouver la plus grande défaveur. J'ose cependant assurer que la théorie que je propose, differe à bien des égards des théories anciennes, quoiqu'elle s'en rapproche sous certains rapports. J'assure encore qu'elle n'est pas véritablement celle du phlogistique, que je n'admets pas telle qu'on l'a établie.

En effet, dire que le feu dans son état libre et naturel n'a nullement la faculté de produire la chaleur ni la lumière, qu'il n'a point celle de dilater les corps, d'occasionner la combustion, de vaporiser les fluides, &c.... que les phénomènes des effervescences observées dans certains mélanges de substances composées, ne sont nullement des signes ou des résultats de ce qu'on appelle *affinité chymique*, &c....

Que l'eau dans l'état de vapeurs n'a subi aucune dilatation de ses parties, et que la force expansive, si connue, de ces vapeurs, et si utilement employée dans la pompe à feu, n'est nullement due à l'eau, mais au feu qui l'enveloppe et qui est dans un certain état....

Que toutes les substances composées qui existent, tendent continuellement à se détruire, et qu'aucune substance dans la nature, n'a en elle-même aucune tendance directe pour entrer ou se mettre dans l'état de combinaison....

Que les composés qui constituent ce qu'on appelle les *minéraux*, sont tous, sans exception, les résultats des dépouilles des êtres organiques ou vivans, et que sans ces êtres organiques, la nature n'offriroit nulle part de la terre calcaire, de la terre argilleuse, du gypse, du soufre, du plomb, de l'or, &c. &c...

Entreprendre, dis-je, de prouver ces assertions, ce n'est pas, je crois, proposer des théories anciennes et renouveller des hypothèses depuis long-tems abandonnées et tombées dans le mépris. Je puis être dans l'erreur, et donner comme principe, des conséquences hazardées et sans fondement ; le public, à cet égard, [sur-tout avec la maturité qu'amène le tems] saura apprécier mon travail. Mais dès à présent on peut avancer que quantité de considérations qu'on y trouve exposées, sont véritablement neuves ; et dès-lors j'ai pu trouver de l'utilité, pour le progrès des sciences, à les faire connoître.

Au reste, mon ouvrage ne consiste pas en une masse d'expériences nouvelles, d'après lesquelles seules, selon certaines personnes, je pourrois être autorisé à établir de nouveaux principes. Il en offre à la vérité plusieurs qui me sont propres [voyez *les paragraphes 275 et suivans*] ; mais en général elles sont en petit nombre ; et ce n'est point d'après elles que les bases de mon ouvrage sont établies. De longues méditations sur les sujets dont je me suis occupé, et de nombreuses observations qui y sont relatives, et qui m'appartiennent, ont donné naissance à cet ouvrage qu'on pourroit nommer en quelque sorte une *logique physico-chymique*. En effet, je viens étayé de tous les faits connus et des expériences qu'on a publiées, lesquelles maintenant m'appartiennent autant qu'à leurs propres auteurs; je viens, dis-je, avec ces moyens, examiner les conséquences qu'il est convenable de tirer de ces faits, et proposer mon sentiment sur leur résultat.

J'ai pu le faire, m'étant apperçu que les conséquences qu'on avoit tirées, n'étoient pas rigoureusement nécessaires, et qu'elles formoient une théorie compliquée et incomplète; enfin j'ai dû le faire, dès que j'ai été convaincu que cela étoit avantageux au progrès de nos connoissances.

Quant à l'utilité de cet ouvrage, peut-elle être un instant douteuse? Le taxera-t-on d'être un amas d'hypothèses futiles, quand on saura que les principes qui y sont développés, sont par-tout liés

entre eux, et tous véritablement dépen-
dans les uns des autres, ce qui ne pourroit être, si ces principes étoient absolument sans fondement? Pourra-t-on dire
que ces mêmes principes sont stériles
dans leurs résultats, quand on verra qu'ils
offrent l'explication simple et naturelle,
non-seulement des faits qui dans le cours
ordinaire de la vie, se passent tous les
jours sous nos yeux, et dont les causes
véritables doivent nous intéresser, mais
même des principaux faits *organiques*,
qu'il nous importe tant de bien connoître; quand on sentira que ces principes
nous conduisent à connoître la véritable
cause des développemens de nos organes, celle de l'accroissement des parties
de notre corps, celle même qui y met
un terme, et qui amène ensuite nécessairement celui de la durée de notre vie;
quand on verra qu'ils nous font connoître la cause de la *chaleur animale*; qu'ils
nous apprennent pourquoi le *chyle* est
constamment blanc, tandis que le *sang*

est constamment rouge; qu'ils nous font comprendre ce qui doit réellement se passer dans la *digestion;* enfin qu'ils déterminent en quoi consiste l'*état de santé* dans l'homme, et ce qui constitue dans cet être l'*état de maladie ;* qu'ils nous éclairent sur la cause même de la *fièvre* et sur ses effets immédiats? &c. &c.

Si ces applications sont justes, et si de pareils résultats sont fondés, mon travail n'est-il pas d'une utilité évidente, et conséquemment n'est-il pas du plus grand intérêt à tous égards ? On sera sans doute fondé à nier cette utilité de mon ouvrage, et on devra le condamner à l'oubli, lorsqu'il sera *prouvé* qu'il est sans vues utiles, que ses principes sont incohérens et erronés, que les conséquences qu'on en a tirées, sont fausses, et que les résultats qu'il présente sont des erreurs : mais c'est ce qui reste à faire. J'ai de la peine à croire qu'on veuille l'entreprendre, lorsqu'on aura mûrement examiné les propositions et sur-tout les applications contenués dans le second volume (1). Je cite ce volume, parce que, quoiqu'il offre par-tout des résultats déduits des principes exposés dans le premier, les vues qu'il présente me paroissent de la plus grande importance, et je ne doute pas qu'il n'obtienne beaucoup d'intérêt. J'engage donc ceux de mes lecteurs qui, par des préventions dont on n'est jamais maître, éprouveront dans la lecture du commencement de cet ouvrage du dégoût et même de l'impatience, à vouloir bien cependant en continuer la lecture jusqu'à la fin. S'ils ont la patience d'y parvenir sans avoir, par des interruptions, &c.

---

(1) Je n'entends pas dire ici qu'il ne se trouve aucune erreur dans mon ouvrage; une pareille présomption indiqueroit au contraire qu'il ne peut guère contenir autre chose : mais je veux parler des bases de la théorie que je présente, et des principes les plus généraux que j'ai établis; principes qu'on ne pourra réfuter, que lorsque de nouvelles expériences, contradictoires à toutes celles qui sont connues, et à tous les faits observés, en auront fourni les moyens.

perdu le fil ou la liaison de mes principes, je me flatte qu'alors aucun d'eux ne me blâmera d'avoir publié ces *Recherches*.

Dans beaucoup de notes, on trouvera des objections qui me furent faites en marge de mon manuscrit, par un des Commissaires chargés de l'examen de mon ouvrage. J'ai imprimé ces objections, et je les ai accompagnées d'une réponse.

RECHERCHES

DISCOURS PRÉLIMINAIRE.

Tout ce qui nous environne, et tout ce que nos sens peuvent appercevoir, nous présentent sans cesse une multitude énorme de phénomènes divers, que le vulgaire, sans doute, voit avec d'autant plus d'indifférence, qu'il les trouve plus communs, mais que l'homme vraiment philosophe, ne peut considérer sans intérêt. Il règne dans tout l'univers une activité étonnante, qu'aucune cause ne paroît affoiblir, et tout ce qui existe, semble constamment assujetti à un changement nécessaire.

Sans cesse la vie se propage par la multiplication des individus qui en sont munis, qui la transmettent à d'autres, et qui se succèdent continuellement; et par son action puissante, les élémens combinés ensemble dans toutes sortes de proportions, constituent les composés différens dont la surface du globe est couverte. Mais aussi sans cesse, la destruction inévitable de chaque individu vivant, qui a atteint le terme prescrit à sa durée, restitue à la nature toutes les combinaisons que l'action vitale a formée en lui; et les dépouilles de ces êtres qui ont ainsi perdu la vie, fournissent, sans interruption , les matériaux propres à la formation des minéraux, qui, sans elles, n'eussent point existé.

Enfin, les minéraux eux-mêmes, après les diverses mutations que les circonstances et la nature, qui tend toujours à tout décomposer , leur ont fait successivement subir, achèvent, en se détruisant , de rendre la liberté aux élémens qui les avoient constitués par leur état de combinaison. Ainsi, de toutes parts on ne voit perpétuellement qu'une succession alternative de vie et de mort, de formation et de destruction , de mouvemens et de repos effectifs.

Outre ces phénomènes, aussi admirables qu'ils sont réguliers dans l'ordre qui les fait exister, il en est une infinité d'autres particuliers , que l'observation nous fait continuellement appercevoir, et dont il importe d'autant plus de connoître au moins les causes immédiates , qu'elles ont vraiment plus de rapports avec tout ce qui nous intéresse directement.

Là, en effet, les frottemens ou les chocs de deux corps solides l'un contre l'autre, occasionnent de la chaleur, et souvent font paroître une matière alors active , qui, appliquée à de certains corps, les détruit en peu de tems : là, un degré de chaleur déterminé, communiqué à tel ou tel fluide, le vaporise et le fait exhaler dans l'air : d'un autre côté, telle substance se trouvant en contact avec tel ou tel corps, produit sur le champ des phénomènes de destruction, occasionne des combinaisons nouvelles, et donne lieu à une chaleur qui se manifeste sans avoir été communiquée : en un mot, tout ce qui est à la portée de nos sens, nous présente perpétuellement, et dans les relations des substances simples entre elles, et dans les facultés des composés qui existent, des faits qui, la plupart, nous paroissent inconcevables ; mais qui, étant vraiment soumis à des loix fixes et constantes, nous laissent toujours l'espoir d'en découvrir la véritable origine.

Je n'entreprendrai point ici d'établir l'importance de l'étude de ces faits et de la recherche des causes qui les occasionnent constamment ; la connexion de l'homme avec tous les corps et les êtres au milieu desquels il se trouve placé, en un mot avec tout ce qui constitue la nature même, est trop manifeste, pour que de véritables découvertes en ce genre, ne soient pas les

plus utiles des connoissances qu'il puisse acquérir.

Malgré cela, quoique jusqu'ici les efforts
des savans à cet égard, n'aient point été
vraiment sans succès; cependant tout ce
qu'il est au pouvoir de l'homme de découvrir sur les causes de tant de phénomènes
que la nature nous offre de toute part,
n'est point encore décidément bien connu.
Les physiciens et les chymistes les plus
célèbres, diffèrent encore entre eux dans
le plus grand nombre des points de vue
qu'ils établissent; et l'immortel Newton lui-
même, qui a su connoître et fixer les loix
certaines de l'attraction, n'a pas été par-
tout également heureux dans les explications de beaucoup de faits dont il a essayé
d'assigner la cause.

Nous osons exprimer ici ce que nous
pensons à cet égard, parce que les tems
funestes aux progrès des sciences, où les
hommes décidoient tout par l'autorité des
maîtres, et n'osoient soumettre à un examen libre, les théories dominantes alors,
n'existent plus maintenant. Depuis l'heu-
reuse révolution que Descarte a causée
dans la manière d'étudier les sciences et

particulièrement la physique, la liberté du jugement qui s'est introduite chez tous les hommes qui observent, a dû rendre les savans plus circonspects dans la détermination de leurs systêmes, parce qu'elle livre à une critique juste et utile, les hypotèses établies avec des fondemens trop mal assurés.

Or, c'est en usant de cette liberté, avec l'attention cependant de n'en point mal user en aucune manière, que nous nous sommes cru fondés non-seulement à soumettre à un nouvel examen les explications qu'on a données d'un grand nombre de faits physiques, mais même à y substituer des vues qui nous paroissent plus générales, plus liées entre elles, et qui en même tems plus simples et plus naturelles, conviennent à un plus grand nombre de faits.

On sait que les véritables principes qui constituent la physique, ne doivent être établis que d'après des faits bien constatés : or, je crois qu'il faut ajouter à cette règle incontestable, que ce ne sont point seulement des faits nouveaux qui doivent déterminer ces principes, mais certainement l'ensemble, s'il est possible, de tous les faits connus.

A 3

Il me paroît ensuite que ce n'est point au défaut des faits qu'on doit rapporter la lenteur des vrais progrès de cette science, ou au moins l'imperfection sensible de ses premiers principes; car les faits qui ont été observés jusqu'à présent, sont, pour ainsi dire, innombrables: mais la difficulté réelle que l'homme éprouve, lorsqu'il essaie de déterminer les loix de la nature, les qualités de la matière, les relations et les facultés des élémens, consiste essentiellement en ce qu'il ait présent à l'esprit l'ensemble de tous les faits constatés, afin de ne poser aucun principe qui puisse souffrir quelque part une contradiction manifeste. On sent alors que pour voir ainsi en grand et tout considérer à la fois, il faut une étendue de génie, une habitude de méditation et une somme de connoissances, que personne, sans une présomption extrême, ne peut vraiment s'attribuer.

Cette idée suffiroit sans doute pour produire un découragement nuisible, dans les observateurs éclairés qui sont en état de la sentir, s'ils n'étoient en même tems convaincus que pour l'avantage d'une science aussi importante que celle dont il est question, tous les hommes ont un droit réel d'exposer leur sentiment, pourvu qu'ils sachent toujours se rappeller la règle indispensable que je viens de citer, et qu'ils s'y conforment de tout leur pouvoir.

Mais inventer des systêmes et composer des hypotèses, d'après un certain nombre de faits nouvellement observés, et que l'on explique à sa manière, par le secours des suppositions qui ne coûtent jamais dans ce cas; rien ne me paroît plus facile, et aussi rien n'est-il plus commun.

Depuis que plusieurs physiciens et plusieurs chymistes modernes ont commencé à examiner les matières gaseuses, on peut dire que les sciences qu'ils cultivent, ont éprouvé de leur part une sorte de révolution, qui peut-être ne sera point aussi favorable aux vrais progrès de ces sciences, qu'ils le croient. Il me semble en effet que, depuis cette époque, leurs principes totalement changés par les nouveaux observateurs que je viens de citer, deviennent de jour en jour plus compliqués, moins clairs, beaucoup moins généraux, et sont la plupart transformés en autant d'hypotèses, qui me paroissent peu propres à constituer les vrais fondemens des sciences qui en sont les objets.

A 4

Les savans dont je parle prétendent, par exemple, *que l'air n'est point un élément, mais un mixte formé par l'union de deux composés particuliers, réunis dans certaines proportions, dont l'un est nommé par eux gaz méphitique ou mofette, ou azote, et l'autre est appellé air vital.* Ils assurent que l'eau, bien loin d'être une substance simple, est au contraire un composé, formé de l'union de l'oxigène qu'ils disent être la base de l'air déphlogistiqué ou vital, et de la base du gaz inflammable qu'ils nomment hydrogène. Il y en a qui disent que le feu et la lumière ne sont que du mouvement, et non des substances réelles et particulières ; et tandis que d'un côté ces savans refusent à l'air, à l'eau, au feu, &c. la qualité de substance simple ; d'un autre côté, ils qualifient de matière simple ou élémentaire, tel acide qu'ils jugent à propos d'indiquer ; et même le charbon est, selon eux, une substance simple. La combustion, disent-ils, n'est autre chose qu'une dissolution de la matière combustible, opérée par un des principes constitutifs de l'air qui se décompose et brûle lui-même. Enfin la respiration des animaux est elle-même une sorte de combustion.

Si ces nouvelles hypotèses, quelque in-génieuses qu'elles soient, me paroissent aussi peu évidentes que je cherche à l'ex-primer, et par conséquent incapables de jetter un vrai jour sur les principes fonda-mentaux de la physique et de la chymie; c'est vraisemblablement ma faute. Aussi je me garde bien de décider affirmativement en faveur de mon sentiment et de la théo-rie que je me suis formée à cet égard. Mais comme il peut être de quelque utilité que je fasse connoître cette théorie, ainsi que les raisons sur lesquelles elle se trouve fon-dée, et que j'expose les vues générales qu'elle me semble offrir naturellement; j'essaierai de la présenter dans cet ou-vrage, et de rendre sensibles les avantages que je lui trouve sur toutes celles qui sont déjà connues.

Mon objet, dans une entreprise aussi vaste et aussi difficile que celle que j'ai osé tenter dans la composition de cet ouvrage, et dans laquelle des circonstances que je n'avois nullement prévues, m'ont successi-vement entraîné (1), n'est point, malgré

-----

(1) Je ne me suis point proposé d'écrire directe-ment contre les nouveaux principes établis par les

cela, de chercher à expliquer la formation
de l'univers, de remonter directement aux
premières causes de tout ce qui est, ni de
prétendre fixer les loix véritables qui ont
donné lieu à l'existence des êtres que l'on
observe, ou qui ont occasionné la réunion
des substances qui les composent, &c. &c.
Des vues aussi sublimes ne peuvent occuper que ces génies rares et supérieurs, qui
comme les Leibnitz, les Descartes, les
Newton, &c. s'élevant, pour ainsi dire,

---

chymistes modernes ; je ne les connoissois pas lorsque j'ai écrit cet ouvrage, parce qu'alors, à peine à
leur naissance, ils n'avoient encore reçu preque aucun développement. J'ajouterai que je les trouve infiniment ingénieux, et que je n'ignore pas que c'est
aux efforts qu'on a faits pour les établir, qu'on est
redevable d'une multitude de faits curieux et intéressans, résultant de nombreuses et très-belles expériences. Mais je persiste maintenant à penser que les
conséquences qu'on a tirées et de ces nouvelles expériences et des faits auparavant connus, ne sont pas absolument ou nécessairement concluantes. Je crois trouver dans mes principes tout ce qu'il faut pour les expliquer. On le sentira sans doute, si l'on prend la peine
de lire attentivement et dans son entier, cet ouvrage ;
quoique les applications que j'en aurois pu faire, à tous
les nouveaux faits connus, si le tems me l'avoit permis,
ne soient pas encore faites.

au-dessus des facultés humaines, semblent faits pour dérober à la nature, des secrets qu'elle nous eût à jamais réservés sans eux.

Aussi, lorsque j'ai parlé des êtres organiques, et que j'ai dit que c'étoit à eux seuls qu'étoient dus tous les composés qui existent dans notre globe, je ne me suis pas permis de remonter à l'origine du monde pour rendre raison comment les premiers de ces êtres vivans, ont pu exister euxmêmes; et pour savoir si à cette époque, il se trouvoit, ou non, des minéraux. Car je ne suis pas plus en état d'expliquer physiquement ce qui concerne l'époque dont il s'agit, que de déterminer l'état de la nature dans ces tems inconnus. C'est pourquoi, sans m'arrêter à tout ce qui a pu être, et qui n'est pas en mon pouvoir de vérifier convenablement, je me suis borné dans mes recherches à l'observation de la nature, telle qu'elle est actuellement, et à l'examen des phénomènes nombreux et infiniment variés, qu'elle nous présente de toutes parts.

Je ne prétends pas dire dans cet ouvrage, toutes choses nouvelles; et je pense même que maintenant cela seroit fort difficile, quel que soit le sujet que l'on traite : d'ailleurs, j'avoue qu'en matière de physique, je ne présume pas favorablement d'un sys-tême tout-à-fait nouveau, c'est-à-dire, d'un système fondé sur une manière de voir, qui n'a jamais été en rien celle de personne. C'est pourquoi je conviens avec plaisir, que, outre les observations et les vues qui me sont propres, un grand nombre des principes que j'établis se trouvent dans divers auteurs qui ont écrit avant moi, et que, dans beaucoup d'endroits, le sentiment que j'expose fut celui de plusieurs savans d'un grand mérite. Mais en même tems il faut convenir que les principes et les opinions dont je parle, se trouvent dans les ouvrages des auteurs qui en ont fait mention, tout-à-fait isolés, épars, sans suite, presque sans vues, et destitués de tous les développemens qui pouvoient les faire valoir. Ce ne sont la plupart que des réflexions ou des idées que leurs auteurs ont négligé de suivre, et auxquelles depuis, les savans n'ont point fait assez d'attention. D'autres fois ce sont des opinions qui, par défaut de développement, ou faute de certaines connoissances qu'on n'avoit point alors, ont été abandonnées, et auxquelles on a préféré de nouvelles hy-

potèses présentées avec un certain art. Il
me suffit de dire, pour justifier mon travail, qu'aucun ouvrage que je connoisse,
n'offre les mêmes vues en général, et n'a
établi la liaison ou l'enchaînement des causes, ni l'ensemble et la dépendance des
principes qui forment la théorie que je vais
essayer de développer.

Afin de remplir le moins incomplètement
qui dépendra de moi, l'objet que je me
suis proposé, je diviserai cet ouvrage en
six parties, qu'on pourra regarder comme
autant de dissertations suivies, sur les matières qui en font le sujet. J'y discute,
quoique succinctement, les questions les
plus importantes de la physique élémentaire, et j'essaie de répandre quelque jour
sur les points les plus obscurs, et qu'on a
le moins examinés, quoique peut-être les
plus importans à éclaircir. Pour me rendre
plus concis, et me faire entendre avec plus
de clarté, j'ai supprimé presque tout ce
qui tient simplement à l'érudition ; j'ai négligé un grand nombre de discussions dont
le fruit le plus réel se fût réduit à grossir
sans nécessité cet ouvrage, et je me suis
restreint aux seules citations que j'ai crues
indispensables. C'est aussi pour cette rai-

son que j'ai numéroté tous les paragraphes: afin d'établir, par le moyen des ren-
vois , une correspondance et une liaison
dans tous les principes exposés dans cet
ouvrage , qui en fassent appercevoir plus
aisément leur dépendance mutuelle et l'u-
niversalité des applications qu'on en peut
faire.

D'abord, dans une courte introduction,
je rappelle les notions que nous avons, de
la matière en général ; je les réduis en
principes ou espèces d'axiomes que j'expose avec ordre , afin de les pouvoir citer
dans la suite. J'y fais aussi mention des
élémens en général , et des idées qui me
sont propres, sur les qualités et les relations mutuelles de chacune des substances
que je suppose élémentaires. Ce sera dans
le cours de l'ouvrage même , qu'on aura
occasion de sentir tout le fondemeut de mes
principes.

Dans la première partie, je traite de ce
qui a rapport à la matière du feu. J'essaie
d'abord de prouver l'existence de cette
matière, et sa distinction d'avec toutes les
autres. Je fais voir que *feu* et *chaleur*
sont des choses très-différentes, et qu'on a
eu tort de confondre jusqu'à présent ; l'un

est la matière qui cause la chaleur, tandis
que l'autre n'est qu'un effet que produit
cette matière, lorsqu'elle est dans un certain état. En un mot, dans cette partie
on trouvera l'exposition des principaux
phénomènes de la combustion, et de ceux
qu'offrent les substances qui s'élèvent en
vapeurs par l'action du feu.

La seconde partie traite de tout ce qui
concerne l'affinité des corps, et fixe la
véritable signification du mot *affinité*, en
faisant voir que les phénomènes des dissolutions n'en dépendent en aucune manière.
On y met en évidence la tendance réelle
à la décomposition, qui est le propre de
toutes substances composées quelconques;
tendance qui, dans certaines matières,
donne lieu aux phénomènes de la causticité, de la saveur et de l'odeur; ainsi qu'à
ceux que présentent toutes les dissolutions
en général.

Je destine la troisième partie au développement des causes qui produisent les
couleurs des corps, et je fais ensorte de
prouver que ce sont les divers degrés de
découvrement du feu fixé des corps, qui
occasionnent les différentes couleurs qui
les distinguent. Je compare ensuite l'ordre

naturel des couleurs qu'indique la décomposition des corps; à l'ordre des couleurs
du prisme; et je fais voir que celui-ci est
formé de deux parties renversées du premier
ordre, qui est le véritable.

Dans la quatrième partie, je traite des
principaux faits organiques : je recherche
d'abord quelle est la cause physique de
l'accroissement des êtres qui sont doués de
la vie, et quelle est celle de leur état de
vigueur, de leur dépérissement et de leur
mort. J'examine ensuite ce qui constitue
essentiellement l'état de santé dans l'homme,
et quelles sont les causes qui déterminent
l'état véritable de maladie; en un mot, en
quoi consiste réellement la fièvre. Je passe
après cela, à l'examen de la digestion, de
la formation du chyle, de sa couleur ainsi
que de celle du sang. Je termine cette
partie, par l'exposition des causes de la
chaleur animale, et je fais voir que cette
chaleur n'est point du tout l'effet du frottement des molécules des fluides, soit entre
elles, soit contre les parties solides qui les
contiennent. Cette partie de mon ouvrage,
que je crois la plus intéressante, fera suffisamment sentir que la tendance à la décomposition que j'ai attribuée à toutes les
matières

matières composées, qui existent, n'est point une assertion hasardée : car, en se refusant à l'évidence de ce principe, je ne crains pas de dire que jamais on ne parviendra à rendre raison des faits organiques dont j'ai traité avec autant de vraisemblance et de clarté que je crois l'avoir fait.

La cinquième enfin a pour objet de déterminer, avec une précision indispensable, ce qui constitue la nature d'un composé en général, et d'assigner les causes de l'existence des substances composées qui sont dans la nature, ainsi que l'origine véritable des minéraux.

J'ai remis à la fin de cette partie l'exposition des principales propositions qui font le fondement de tout mon travail : comme ces propositions me paroissent inattaquables, et leur résultat sans réplique, sous toutes les considérations possibles, elles font la justification de mon entreprise, et la conclusion de mon travail.

J'aurois voulu pouvoir ajouter à cet ouvrage mes recherches sur les *causes des principaux phénomènes de l'atmosphère*, et principalement sur celles de l'élévation et la suspension de l'eau dans l'air, de la

Tome I.   *B

formation des nuages et des phénomènes particuliers qu'ils occasionnent dans diverses circonstances : mais les grandes occupations que j'ai actuellement, ne me permettent pas de mettre mon travail sur cette partie de la physique en état d'être publié ; car, quoiqu'il soit exécuté depuis long-tems, l'expérience que j'ai acquise dans l'observation des objets dont il traite, m'a mis à portée de donner à mes recherches sur les *causes des principaux phénomènes de l'atmosphère*, des développemens qui leur sont essentiels. Je compte m'en occuper dans peu, et publier bientôt après cette partie de mes recherches, qui fera suite à cet ouvrage.

RECHERCHES

SUR LES CAUSES

DES

PRINCIPAUX FAITS PHYSIQUES.

INTRODUCTION.

De la Matière, de ses qualités essentielles ou générales, et de son hétérogénéité.

1. Tous les êtres que nos sens peuvent ap-percevoir, conjointement avec ceux que leur ténuité ou leur éloignement nous rendent imperceptibles, forment dans leur ensemble, ce qu'on exprime par le mot *univers*.

2. Les impressions que ces différens êtres peuvent faire sur nos sens, n'ont lieu que parce qu'ils sont essentiellement matériels; aucune sensation ne pouvant nous être com-muniquée, que par l'action immédiate d'un être de cette nature qui la produit.

3. On appelle matière, en général, tout ce qui peut manifester son existence et sa

présence par une impression quelconque sur un seul ou sur plusieurs de nos sens.

4. La première qualité de la matière est d'avoir de l'étendue ; ce qui nécessite trois dimensions constantes, mais plus ou moins modifiées l'une par l'autre ; savoir, la longueur, la largeur et la profondeur.

5. De l'étendue et des dimensions de la matière, résulte nécessairement sa forme, dont les variétés admirables produites par les modifications infinies de cette matière, constituent la beauté de l'univers et en quelque sorte la fécondité de la nature.

6. La matière considérée simplement et en elle-même, ne peut avoir aucune tendance au mouvement ni au repos ; au moins jusqu'à présent, rien ne paroît nous porter à former aucun doute à cet égard. Elle ne peut se mouvoir que lorsqu'elle éprouve l'action d'une puissance qui lui communique du mouvement ; et ne peut ensuite perdre le mouvement qu'elle a reçu, que lorsqu'une puissance quelconque le lui enlève et la force au repos. Ainsi on ne doit, ce me semble, supposer à aucune matière ni à aucun corps inorganique, la faculté de se mouvoir, ni de pouvoir, par son essence, communiquer du mouvement.

7. Toute la matière qui constitue l'univers, n'est point homogène ; car si elle étoit telle, tous les corps de la nature seroient simples et non composés, comme ils le sont presque tous. En effet, si l'homogénéité étoit une des qualités essentielles de la matière, les phénomènes qui s'observent dans la décomposition de la plupart des corps, n'auroient point lieu, puisque cette décomposition elle-même seroit impossible, leur composition n'existant pas.

8. La matière ne peut augmenter ni diminuer dans la quantité qui en existe, parce que la puissance qui a pu la créer, peut seule l'anéantir, et même est nécessaire pour faire rentrer dans le néant, la moindre de ses portions (1). Aussi la matière ne fait que varier continuellement dans sa forme, par les transmutations prodigieuses qu'opèrent les combinaisons infinies dont elle est susceptible. (J'entends parler des

____

(1) Comme la création et l'anéantissement d'une molécule de matière, sont et seront toujours pour nous également inconcevables, je n'entends pas avancer qu'il y ait eu une création, et qu'il y aura quelque anéantissement : je ne raisonne point sur de pareils objets.

masses constituées par l'union ou l'aggrégation de plusieurs molécules.)

9. La matière est impénétrable dans son
essence: on conçoit que les molécules intégrantes d'une substance simple quelconque, sont absolument inaltérables, et ne
peuvent être pénétrées par celles d'aucune
autre substance. L'aggrégation de ces molécules peut bien être détruite jusqu'au
dernier terme, et c'est aussi ce qui constitue ce qu'on appelle la divisibilité de la
matière : mais les molécules intégrantes
d'une substance simple, sont indestructi-
bles, puisqu'elles ne peuvent rentrer dans
le néant; elles ne peuvent non plus être
divisées, car chacune d'elles est une, et
non plusieurs réunies; et elles changeroient
de nature si elles étoient divisées, leur
forme essentielle ne pouvant point rester
la même dans ce cas. La matière n'est
donc pas divisible à l'infini, comme quelques personnes l'ont avancé, et sa dernière
division présumée n'est point un être mé-
taphysique.

10. On reconnoît à la matière, la faculté
universelle de s'attirer dans tous les sens
possibles; et cette tendance à la réunion

se fait toujours en raison directe des densités des corps, et en raison inverse du quarré de leur distance. Cette loi, qu'on nomme attraction et que tout paroît confirmer, est pour nous une qualité générale de la matière; mais je crois qu'on ne peut pas la regarder comme une de ses qualités essentielles, et qu'elle n'est à notre égard qu'une connoissance de fait, dont la cause nous sera peut-être à jamais inconnue.

Obs. Les qualités essentielles et générales de la matière, que je viens de citer, sont, ce me semble, les seules qu'on puisse lui attribuer réellement. Ce sont au moins celles que nous sommes parvenus jusqu'à présent à découvrir, et qu'aucun phénomène connu ne nous porte à rejetter.

Je n'ai point établi la divisibilité de la matière parmi ses qualités générales, parce que, comme je ne la crois réellement pas infinie, je ne la regarde pas comme un de ses attributs essentiels. Il est vrai que la grosseur des molécules matérielles qui, par leur nature, ne pourroient pas être divisées, est absolument inappréciable; mais qu'en résulte-t-il, sinon que la ténuité des molécules intégrantes de la matière, surpasse tout ce que nous pouvons imaginer, quoique dans le fond ces molécules soient des points physiques entièrement inaltérables ?

Je n'ai point parlé non plus de la gravitation des corps, parce qu'on sait qu'elle n'est qu'une suite de l'attraction. Enfin je n'ai rien dit de la couleur, de la saveur, de l'odeur, de l'opacité, de la chaleur et de l'état de répulsion de certains corps, parce que toutes ces qualités ne sont point générales, et n'appartiennent nullement à l'essence de la matière.

Des Élémens, de leur nombre, leurs différences, leurs qualités, et leurs rapports relatifs.

11. S'il est vrai que la matière en général, ne soit pas toute de même nature, il s'ensuit en premier lieu, qu'il y en a de plusieurs sortes ; et en second lieu, que chaque sorte de matière doit avoir des qualités particulières et différentes de celles des autres sortes, puisqu'elle en peut être distinguée.

12. Les différentes sortes de matière qui existent, ainsi que les élémens des corps,

doivent avoir essentiellement les qualités générales de la matière, et ne peuvent par conséquent en avoir de particulières qui y répugnent.

13. Chaque sorte de matière est constituée par la nature même de sa molécule essentielle ou intégrante, et non par le nombre de ses molécules, ni par aucune des diverses masses qu'elles peuvent former par l'effet de l'aggrégation. Or, comme la nature d'une molécule essentielle est indestructible, il s'ensuit que la forme de cette molécule est inaltérable, puisque cette forme est nécessairement dépendante de sa nature. Je considère ici la molécule dans un état de liberté.

14. On doit regarder comme élément, toute matière simple, inaltérable dans ses principes, ayant les qualités générales de la matière ; en ayant en outre de particulières qui la distinguent des autres sortes, et qui est susceptible d'entrer dans la composition des corps.

15. Je ne sais s'il est donné à l'homme de pouvoir connoître les véritables élémens des corps : peut-être que les substances qu'il prend pour tels, ne sont encore que des composés plus ou moins considérables ;

mais tant que ses facultés ne lui permettront pas de décomposer évidemment ces substances, et que les phénomènes naturels ne les lui offriront jamais dans un état de plus grande simplicité, je crois qu'il peut les considérer comme des élémens. Or c'est ce qui a lieu, ce me semble, à l'égard du feu, de l'air, de l'eau et de la terre, que je regarde, en attendant des connoissances plus positives, comme quatre élémens très-distincts. Il y en a peut-être beaucoup d'autres qui nous sont encore inconnus, et les quatre que je viens de nommer, ne sont peut-être eux-mêmes que des composés d'une sorte particulière, comme plusieurs chymistes le croient actuellement : mais comme je n'ai pu avoir de conviction à cet égard, je continue de les considérer comme des élémens (1).

---

(1) Dans une dissertation dont j'ai déjà tous les matériaux, et que je tâcherai de mettre incessamment en ordre, si mes travaux nombreux sur l'histoire naturelle m'en laissent le loisir, je me propose de faire voir qu'aucun fait connu ne prouve d'une manière incontestable, la décomposition de l'air ni celle de l'eau, comme depuis quelque tems on l'a prétendu : j'essaierai de prouver que les substances simples, dont je parle, se trouvant, dans les expériences qu'on donne pour preu-

16. Ces quatre élémens ne sont pas susceptibles de se combiner ensemble immédiatement et d'eux-mêmes, pour former un composé ; il faut, pour donner lieu à ce phénomène, une cause particulière, qui, comme nous en donnerons des preuves, n'est nullement en eux.

Quoi qu'il en soit, voici l'idée que je me forme de ces substances, et l'exposé succinct des qualités que je leur attribue.

---

ves de leur décomposition et recomposition, tantôt faire parties constituantes de certains composés gazeux ou aériformes, et tantôt dégagées de ces combinaisons, paroissent être en effet alternativement détruites et réformées, quoiqu'elles n'aient fait que passer dans l'état de combinaison, et en sortir. Enfin j'espère faire voir que les preuves que l'on croit tirer des poids correspondans de ces substances mesurées avec tant de soins, et dans l'état prétendu libre, et dans leur état de combinaison, ne sont que des faits illusoires, et qu'ils ne sont dus qu'à l'immense disproportion qui existe entre la pesanteur de l'eau et celle du feu, et même de l'air ; de sorte que dans les destructions de certains composés aériformes, les pertes de quelques substances qui en faisoient partie, deviennent presque de nul effet dans les poids observés.

De la Terre et de ses qualités essentielles.

17. La terre est un élément visible, sans couleur qui lui soit propre, sans odeur, sans saveur, et ayant ses molécules intégrantes solides, fixes et infusibles.

18. Ses molécules dans l'état d'aggrégation, forment une masse essentiellement transparente, c'est-à-dire, perméable à la lumière en mouvement; car, de même que la couleur, la saveur et l'odeur dont une matière terreuse peut être munie, sont dues à la présence et à un certain état d'une substance étrangère, qui lui donne ces qualités; de même aussi l'opacité plus ou moins considérable, qu'on peut remarquer à certaines terres (comme, par exemple, à la terre argilleuse qui est presque toujours plus opaque que les autres terres composées), ne leur est jamais propre, mais est due, comme nous le ferons voir, à la présence d'une matière étrangère dans un certain état de combinaison avec ces terres.

19. L'élément dont il s'agit est plus pesant que les autres. Il résulte de cette qua-

lité , qu'une masse de terre élémentaire
pure, dont les molécules sont dans l'état
d'aggrégation, et qui est d'un volume déterminé, doit être, à volume égal, le plus
pesant de tous les corps : car si les autres
matières simples ont moins de pesanteur
spécifique que la terre élémentaire, chacune d'elles séparément, ou toutes ensemble réunies (mais dans leur état naturel),
ne peuvent former dans le volume dont il
est question, une masse aussi pesante que
celle de la terre seule.

20. Cela seroit ainsi en effet, si les élémens dans les combinaisons qu'ils forment,
se trouvoient dans leur état naturel : mais
les choses ont lieu bien différemment; car
il paroît que ceux de ces élémens qui sont
élastiques et compressibles , ne peuvent
faire partie constituante d'aucun composé,
qu'ils ne soient dans un état de modification
ou de condensation très-considérable. Aussi
avons-nous dit que le feu qui se trouve fixé
dans les corps, y est dans une condensation
immense. Or, si dans un espace déterminé,
le feu qui y est contenu , forme un volume,
je suppose quatorze mille fois moindre que
celui qu'il auroit dans son état naturel, on
conçoit que sa densité peut alors être telle,

qu'une molécule de terre élémentaire soit moins pesante qu'un volume semblable de feu condensé; et d'après cela on sent pourquoi une masse métallique est plus pesante qu'un pareil volume de cristal de roche très-net, transparent, sans couleur, et qu'avec raison on regarde comme une masse de terre presque entièrement pure.

21. La terre est un des principes constitutifs de presque tous les composés. Elle est aussi en général, celui de leur solidité et de leur fixité; propriétés qui sont toujours en raison directe de la quantité du principe terreux que les corps contiennent.

22. La terre ne s'unit point immédiatement avec les élémens compressibles, considérés dans leur état naturel; mais, lorsque le feu est dans un certain état de condensation, elle peut se combiner avec lui dans toutes sortes de proportions, et dans différens degrés d'intimité de combinaison, selon les circonstances. Le composé qu'ils forment, a la faculté, dans certains cas, de se combiner facilement avec de l'air, dans des proportions quelquefois fort considérables.

23. Lorsque la terre est pure, sa fixité est inaltérable. Il résulte de ce principe,

qu'aucune matière volatilisée ou élevée en vapeurs, ne peut être de la terre pure ; et que tout composé quelconque a d'autant plus de fixité, qu'il contient plus de terre, et moins de feu fixé parmi ses principes constituans.

24. Le feu fixé, combiné avec l'élément terreux, n'en peut être facilement ni même entièrement dégagé par l'art, tant cette combinaison se fait en général avec intimité. Aussi la plupart des opérations chymiques, au lieu de détruire cette combinaison, la fortifient, ou en augmentent la proportion du feu fixé. De là vient que tous les résidus des analyses chymiques, n'offrent jamais et ne pourront jamais offrir l'élément terreux dans toute sa pureté. C'est sans doute cette raison qui a porté différens chymistes à admettre plusieurs terres élémentaires.

25. Comme l'élément terreux, reçu dans différens composés dont il fait partie, sert à former les autres terres (lorsqu'il s'y trouve dans de grandes proportions), j'en conclus que toute terre qui n'a pas exclusivement les qualités essentielles de l'élément terreux, n'est point une terre pure, mais seulement une terre masquée plus

ou moins fortement par les autres matières qui se trouvent combinées avec elle. Ainsi l'élément terreux est plus masqué dans le quartz que dans le cristal de roche ; il l'est plus dans les silex et les agathes, &c. que dans le quartz ; il l'est ensuite plus dans la terre argilleuse pure, que dans les silex, &c. Il l'est encore plus dans le gypse que dans la terre argilleuse ; il l'est plus dans la terre calcaire que dans le gypse, &c. &c.

De l'Eau et de ses qualités essentielles.

26. L'eau est un élément visible, diaphane, fluide pour l'ordinaire et peut-être même dans son essence, beaucoup plus pesant que le feu et que l'air, mais moins que le principe terreux.

27. L'eau n'a ni couleur, ni saveur, ni odeur. Ce principe est fondé, comme je l'ai dit, sur ce que les qualités dont il s'agit, ne sont particulières à aucun élément.

28. Ses molécules intégrantes sont solides et incompressibles. Ce principe est constaté par l'expérience fameuse de l'académie de Florence, qui consiste à enfermer hermétiquement de l'eau dans une boule

d'or

d'or creuse, et à exposer ensuite cette boule à une très-forte pression : or dans ce cas, l'eau passe plutôt à travers les pores du métal que de se comprimer. Enfin l'effet de ce qu'on appelle le marteau physique, confirme ce principe, et n'auroit point lieu si l'eau étoit compressible. Il ne faut pas regarder le rebondissement des parties de l'eau déplacées par la chûte de celle qu'on verse sur ce fluide en masse, comme l'effet de la compression et de l'élasticité de cet élément; la manière dont le mouvement de l'eau tombante est communiqué aux parties qui peuvent le recevoir, et les fluides élastiques (l'air et le feu), interposés entre ses molécules, rendent raison de ce phénomène.

29. L'eau privée d'une certaine quantité de feu en expansion, ou n'en contenant que dans un degré d'activité très-foible, perd alors sa fluidité; et dans ce cas, ses molécules s'unissent en une masse solide, transparente et connue sous le nom de glace.

30. On regarde cet état de l'eau, comme celui qui lui est naturel; et on a pensé que sa fluidité n'étoit due qu'au feu qu'elle contient alors, et qui interrompt l'adhésion de

ses molécules. Cette opinion paroît d'autant plus fondée, que le feu en expansion a en effet la faculté de réduire à l'état de liquidité, des corps très-solides, tels que des métaux, &c. Cependant je ne penche pas à regarder la glace comme de l'eau dans son état naturel, parce que j'ai remarqué que la glace n'est jamais de l'eau pure; que dans cet état l'eau contient le plus d'air possible, et que lorsqu'on prend des moyens pour que l'eau ne puisse s'emparer de la quantité d'air qui est nécessaire à sa congélation, on lui conserve sa fluidité, quel que soit son degré de refroidissement. J'ai exposé au nord, pendant qu'il geloit, de l'eau dans un cylindre de verre tout-à-fait clos. Cette eau, quoique peu dépouillée d'air et n'occupant point la moitié du cylindre (cet instrument n'ayant pas été fait pour cette expérience), a soutenu constamment cinq et six degrés de froid au-dessous de zéro, sans se congeler; mais en ayant ensuite éprouvé sept degrés et demi, elle a pris une consistance semblable à de l'huile figée. Je présume que, si elle eût été tout-à-fait dépourvue d'air, et dans l'impossibilité de s'en pourvoir, sa fluidité ne se seroit point altérée. Le cylindre qui ła contenoit, étoit situé de manière que le vent l'agitoit sans cesse et le faisoit choquer contre la muraille qui le portoit. Enfin l'augmentation de volume que l'eau acquiert en se gelant, semble encore confirmer ma présomption.

31. L'eau n'est susceptible d'aucune dilatation qui soit propre à sa nature. Ce principe est une conséquence de son incompressibilité. En effet, je crois que la densité de ses molécules intégrantes est inaltérable; et je ferai ensorte de prouver que les phénomènes de son évaporation (c'est-à-dire de son état de vapeurs), sont dus à la séparation complète de ses molécules alors entourées chacune d'une atmosphère de feu en expansion (1).

32. La petite augmentation de volume que l'eau acquiert lorsqu'on la fait chauffer

---

(1) C'est mal à propos qu'on a dit que la chaleur dilatoit l'eau, et la mettoit en état de vapeurs par ce moyen : cet effet a lieu sur les composés fluides dans lesquels le feu fixé se trouve dans de grandes proportions, comme l'éther, l'esprit-de-vin, les huiles essentielles, &c. Mais l'eau, exposée à un certain degré de chaleur, s'élève dans l'air par une cause très-différente.

jusqu'au degré de l'ébullition, n'est point due à aucune dilatation de ses molécules; mais elle appartient à un écartement léger de ces mêmes molécules, produit par le feu en expansion qui s'amasse entre elles dans cette circonstance.

33. L'eau est un des principes constitutifs des corps organiques et de quelques minéraux. Dans son état de fluidité elle pénètre assez facilement les corps poreux, et provoque le dégagement du feu imparfaitement fixé des matières qui en contiennent.

34. L'eau ne forme point d'union immédiate avec le feu; mais dans son état de fluidité, elle se charge très-facilement du feu en expansion, quoique dans un degré déterminé, et favorise la dilatation de ce feu libre, beaucoup plus que tous les autres corps.

35. L'eau a beaucoup d'affinité avec l'air, et peut s'y unir immédiatement. Cette affinité donne lieu à l'existence continuelle d'un mixte formé par l'union de ces deux élémens, et dont on distingue plusieurs sortes, parce que dans chacune de ces sortes, l'un des deux principes est toujours extrêmement dominant.

36. L'eau en masse, même celle qui est fluide, peut être regardée comme un de ces mixtes, parce qu'elle contient toujours de l'air uni à sa substance. Elle conserve, malgré cela, son nom, parce qu'elle est le principe dominant du mixte. Celle qui est fluide contient toujours d'autant moins d'air, qu'elle est plus chaude, c'est-à-dire, qu'elle est plus chargée de feu en expansion; et il y a lieu de croire qu'elle en est tout-à-fait privée lorsqu'elle est en ébullition.

37. On peut considérer l'air de l'atmosphère comme une autre sorte du mixte dont il s'agit; et puisque dans cette sorte c'est l'air lui-même qui en est le principe dominant, ce mixte en porte le nom, comme si c'étoit une matière simple. Le feu en expansion ayant la faculté d'altérer l'union de l'eau avec l'air, doit avoir aussi celle d'altérer l'union de l'air avec l'eau; car c'est exactement le même mixte, quoique dans un état différent: aussi verrons-nous dans la sixième partie de cet ouvrage, que l'air atmosphérique contient toujours d'autant plus d'eau dans l'état de combinaison, que sa densité est plus considérable, et en contient par conséquent la moindre quantité

possible, lorsqu'il est aussi raréfié qu'il peut l'être.

38. L'eau ne forme avec la terre aucune union immédiate bien constatée. Il est vrai que lorsqu'elle est fluide, elle pénètre et s'insinue assez facilement entre ses molécules, et s'en charge même lorsqu'elle est en mouvement, sans perdre quelquefois sa limpidité. C'est ce qui arrive à certaines sources qui en charient et qui donnent lieu aux incrustations et aux stalactites, lorsqu'elles en laissent déposer.

39. L'eau est une des parties intégrantes de notre globe, et s'y trouve en une quantité si considérable, qu'elle constitue peut-être le tiers de la masse qui le compose. Elle forme les mers, les lacs, les rivières, &c. se combine dans la substance de tous les êtres organiques, et fait partie constituante de tous les composés qui en sont les résidus récens. Elle se trouve en abondance dans l'atmosphère, partie combinée avec l'air qui le compose, et partie dégagée de cette combinaison, mais encore plus ou moins adhérente à ce fluide invisible. Elle donne lieu, selon les circonstances, à la formation des nuages, des

brouillards, de la pluie, de la grêle, de la neige, &c. Enfin, selon les changemens alternatifs du point de saturation de l'air, elle passe successivement (mais seulement en partie) de l'atmosphère à la surface de notre globe, et de celle-ci dans l'atmosphère.

De l'Air et de ses qualités essentielles.

40. L'air est un élément fluide dans son essence ; ses parties en effet coulent librement, et se répandent à la manière des fluides, dans tous les lieux où il peut pénétrer. Il est très-élastique et susceptible de raréfaction et de condensation dans un degré fort éminent.

41. Cet élément est transparent et invisible : on peut, malgré cela, en quelque sorte l'appercevoir par les espaces qui semblent des vuides, et qu'il remplit lorsqu'il traverse l'eau en formant des bulles.

42. Sa ténuité est très-considérable, mais beaucoup moindre cependant que celle du feu. Il est certain que cet élément doit être d'une très-grande ténuité, puisqu'il est invisible, et que, malgré cela, sa ténuité n'égale point celle du feu, puisqu'il ne peut

traverser les pores du verre, ni ceux de beaucoup d'autres corps.

43. Il pèse beaucoup plus que le feu, mais considérablement moins que l'eau, et que la terre par conséquent. En effet sa pesanteur, comparée à celle de l'eau, est comme un à huit cents cinquante.

44. L'air n'a point de couleur, puisqu'il est transparent et invisible; il n'a point non plus de saveur ni d'odeur. Ces qualités, comme nous essaierons de le faire voir, n'étant particulières à aucun élément, mais étant dues à un certain état dans lequel le feu se trouve dans les corps qui en sont doués.

45. L'état naturel de l'air est d'avoir une très-grande densité comparativement à celle qui est dans l'essence du feu. En effet, les divers degrés de raréfaction que l'air peut acquérir lorsqu'il est pénétré par du feu en expansion, sont pour lui un état forcé et un état de modification réelle. Aussi cette raréfaction de l'air cesse-t-elle de subsister, lorsque la cause qui l'avoit produite n'agit plus; ou bien elle diminue, lorsque cette cause agit plus foiblement. On conçoit par conséquent que dans le cas dont il s'agit, les condensations de l'air

sont dues à la faculté qu'a cet élément de se remettre dans son état naturel, et ne sont point l'effet d'aucune cause étrangère.

46. L'air est susceptible d'avoir une densité plus grande que celle qui lui est naturelle. La densité qu'il a dans son état fixé et celle qu'il peut acquérir par la compression, sont des exemples de ce cas : or on sent que si les causes qui le condensent ainsi viennent à ne plus agir, l'air alors se raréfiera par sa propre faculté. Mais l'air ayant une certaine densité qui lui est naturelle, il s'ensuit que les divers degrés de raréfaction que cet élément peut éprouver au-dessous du terme de cette densité, sont alors l'effet d'une cause étrangère à sa nature. Il résulte donc de ce que je viens de dire, qu'il doit se trouver des cas où l'air se raréfie uniquement par sa faculté, tandis que dans d'autres cas, ce même élément peut aussi par son propre effort, se condenser.

47. L'air est un fluide compressible, très-élastique par conséquent, et susceptible d'acquérir une raréfaction très-considérable, qui l'éloigne d'autant plus de son état naturel. Telle est celle que le feu en

expansion peut lui occasionner en le pénétrant.

48. L'air entre comme principe constituant, dans tous les corps organiques et
dans plusieurs minéraux. On peut considérer son état dans les corps, comme un
état fixé, car les phénomènes de son dégagement prouvent qu'il y est dans une
condensation beaucoup plus grande que
celle qui lui est naturelle; mais par l'effet
sans doute de sa combinaison avec les
autres principes des corps, il ne jouit alors
ni de son élasticité, ni de la force qui le
porte à s'étendre aussi-tôt qu'il devient
libre.

49. L'air n'a aucune affinité avec le feu,
lorsque celui-ci est dans son état naturel;
et alors il ne contracte avec lui aucune
union immédiate: il est même remarquable que cet élément oppose en tout tems
au feu en expansion, c'est-à-dire, à la dilatation du feu libre qui est condensé, une
résistance d'autant plus considérable, que
cet air qui la forme est lui-même plus condensé.

50. L'air a une très-grande affinité avec
l'eau, et peut s'y unir immédiatement;

cette affinité est si grande, que l'air de l'atmosphère n'est jamais pur, mais contient toujours une quantité d'eau quelconque, unie à sa substance, et que l'eau qui est à la surface du globe n'est jamais non plus dépourvue d'air [35]. Or, de l'union immédiate de l'air avec l'eau, résulte un mixte dont les proportions des deux principes constituent différentes sortes, et que le feu en expansion a la faculté de détruire ; car de même que du feu en expansion qui pénètre de l'eau en masse, en fait sortir l'air qu'elle contient, de même aussi l'air atmosphérique pénétré et modifié par du feu en expansion, perd alors une quantité d'autant plus grande de l'eau qu'il tient unie à sa substance, que l'altération qu'il éprouve, est plus considérable.

51. Il ne paroît pas que l'air ait avec la terre aucune affinité réelle, et qu'il contracte avec elle aucune union immédiate. Mais lorsque la terre est combinée avec du feu dans l'état fixé, le mixte qui en résulte, peut alors admettre de l'air dans sa combinaison.

52. L'air entoure notre globe jusqu'à une certaine hauteur, et constitue ce qu'on nomme l'atmosphère. Cette atmosphère a

sa superficie, comme la mer a la sienne ;
et il paroît qu'elle est susceptible d'une
mobilité infiniment plus grande que celle
qu'offre la mer la plus agitée.

53. Ce n'est qu'à la superficie (ou la
surface supérieure) de l'atmosphère, que
l'air est véritablement dans son état naturel ; qu'il y jouit de la rarité qui lui est
propre, c'est-à-dire, qu'il n'est ni condensé
ni raréfié ; et c'est sans doute là seulement
qu'il est parfaitement pur : mais à un pied
au-dessous de cette superficie, ce fluide
élastique est déjà un peu comprimé par
le poids· de la portion d'air qu'il soutient,
et par conséquent il est en cet endroit un
peu plus dense qu'à la superficie de l'atmosphère. On conçoit de-là que cette densité va en croissant jusqu'à la surface de
la terre, parce qu'en effet l'air est d'autant plus comprimé qu'il est plus inférieur,
c'est-à-dire, plus éloigné de la surface supérieure de l'atmosphère.

54. Ce principe toujours constant en
général, éprouve néanmoins quelques modifications, en ce que dans la région inférieure de l'atmosphère et sur-tout vers la
surface de la terre, le feu en expansion
qui s'y amasse, principalement par l'action

solaire, et ensuite par la direction de certains courans, font varier plus ou moins fortement (selon les circonstances) la densité de l'air. Mais la plus grande raréfaction qu'il acquiert en ces endroits et par ces causes, est encore au-dessous de celle qui lui est naturelle, et qu'il a réellement au sommet de l'atmosphère.

55. Plus l'air est condensé, plus il est susceptible de s'unir, ou de se combiner avec de l'eau; ce que j'appelle tenir de l'eau en dissolution : ensorte que les variations momentanées et successives de sa densité, font aussi varier successivement la quantité d'eau qu'il tient en dissolution. Or, comme ces variations font alternativement abandonner et reprendre des quantités d'eau plus ou moins considérables, cette cause donne lieu à la formation des nuages, des pluies, &c. et à leur disparition, ainsi qu'aux tems secs ou desséchans. *Voyez la dernière partie de cet ouvrage.*

56. Il suit de ce qui vient d'être exposé : 1°. que l'air le plus élevé est toujours le plus sec, ce que confirment plusieurs expériences connues : 2°. qu'il est parfaitement sec à la superficie de l'atmosphère, et qu'il

y est sans doute entièrement libre et pur: 3°. que ce n'est jamais à la superficie de l'atmosphère que se forment les nuages, mais dans le sein de cette mer gazeuse, à différentes hauteurs, selon des causes que je développerai dans la suite: 4°. qu'enfin toute la partie inférieure de l'atmosphère, jusqu'à une hauteur plus ou moins considérable, étant le réceptacle des vapeurs qui s'élèvent de la surface de la terre, cette portion de l'atmosphère ne peut jamais nous offrir de l'air pur, mais de l'air mélangé et combiné avec différentes matières qui altèrent ou modifient ses propres qualités (1). Aussi cet air composé, qui nous environne, a-t-il des propriétés qui ne sont pas essentielles à l'air élémentaire. En effet, il paroît nuire aux plaies qui sont exposées à son influence; ce qui indique qu'il a alors quelque âcreté et qu'il n'est point insipide et inodore,

---

(1) On sent que les opérations chymiques qui peuvent dégager l'air des substances avec lesquelles il étoit combiné, et qui ensuite réussiroient à le rétablir dans le même état de combinaison, ne doivent pas être regardées comme des preuves de la décomposition de cet élément.

comme l'est essentiellement toute substance simple.

57. Tous les gaz n'ont de commun avec
l'air élémentaire, que l'invisibilité et l'élasticité : mais ce sont d'ailleurs des composés
qui n'existent pas essentiellement dans la
nature, qui se forment accidentellement,
comme, par exemple, dans toutes les décompositions ou les altérations des composés (soit naturelles, soit artificielles), et
qui eux-mêmes, livrés au pouvoir de la
nature, se détruisent insensiblement et
succesivement. S'il s'en présente continuellement à nos observations, dans l'atmosphère, c'est parce qu'il s'en reforme sans
cesse, qui remplacent ceux qui se sont
détruits.

Du Feu et de ses qualités essentielles.

58. Le feu est une matière simple et
fluide dans son essence ; il se répand en
effet dans tous les lieux et dans tous les
corps, à la manière des liquides, et n'a
aucune qualité connue qui répugne aux
loix de la fluidité.

59. Il est invisible et même imperceptible
dans son état naturel ; je dis dans son état

naturel , parce que, lorsque cet élément est un peu condensé (et nous verrons qu'il est susceptible de l'être), on peut l'appercevoir avec une légère attention , et on le distingue alors sous la forme d'un fluide transparent. C'est lui qui forme les ondulations très-distinctes qu'on observe au-dessus d'un poële échauffé et le long de son tuyau ; c'est lui-même qu'on peut remarquer dans la campagne , lorsqu'il fait chaud; formant de semblables ondulations à quelques pouces au-dessus de la surface de la terre ; c'est encore lui qui produit les bulles qu'on voit s'élever rapidement et continuellement dans l'eau bouillante, bulles qui causent les soulévemens de ce liquide qu'elles font bondir à mesure qu'elles le traversent; enfin c'est ce même fluide qui forme autour des corps échauffés les atmosphères sensibles qu'on leur remarque.

60. Le fluide dont il est question, est pesant, mais infiniment moins que l'air, et par conséquent que l'eau et que la terre. Sa pesanteur est incontestable, puisqu'elle est l'effet de l'attraction, qui est une des qualités générales de la matière. Elle est moindre que celle de l'air , puisque dans tel état de condensation qu'il soit, on le

voit

voit toujours monter, ce qui ne peut être que l'effet d'une moindre pesanteur, et non celui d'une qualité particulière.

61. Sa ténuité est inexprimable. Il est certain que la ténuité de cet élément est bien plus grande que celle de l'air, puisqu'il traverse aisément les pores du verre, et qu'il pénètre les substances les plus dures, même lorsqu'il est condensé.

62. Il pénètre avec une facilité égale, tous les corps, lorsqu'il est dans son état naturel, et se trouve par conséquent répandu uniformément par-tout. Il est clair que cet élément dans son état naturel se trouve répandu également, puisque partout, comme nous le ferons voir, le frottement des corps solides entre eux, peut en le rassemblant et le condensant, le rendre sensible; il est en outre facile de concevoir que sa ténuité peut être assez grande pour que les interstices que laissent entre elles les molécules des matières les plus denses, soient pour lui des vuides ou des espaces suffisans, qu'il remplit sans efforts, et qui lui permettent de s'étendre uniformément par-tout; puisque dans un état de condensation, il pénètre

encore les matières les plus compactes et les plus dures que l'on connoisse.

63. Le feu dans son état naturel n'agit point sur les corps, autrement que par sa masse, ne produit point la chaleur, n'entretient point la fluidité des liquides, et n'altère pas même la densité naturelle de l'air. Ce principe est une conséquence du précédent ; car si la ténuité du fluide igné est telle qu'il puisse, sans le moindre obstacle, pénétrer tous les corps, et se répandre sans efforts uniformément par-tout ; cet élément ne peut produire d'autre effet, que celui de diminuer, mais d'une manière inappréciable, la pesanteur naturelle de tous les corps ; et ne doit avoir aucune action particulière sur les matières qu'il pénètre, puisqu'en s'insinuant facilement dans ces matières, rien ne le porte à détruire l'aggrégation de leurs molécules, qui ne lui fait aucun obstacle, ni à changer l'état des corps que ces matières peuvent composer, puisqu'il les pénètre sans difficulté, et peut les traverser sans efforts. Cette inaction du feu dans son état naturel, démontrée ici par le raisonnement, sera par la suite prouvée par des faits.

64. Le feu n'a ni couleur, ni saveur, ni odeur qui lui soit propre. Si cet élément est la cause de la couleur, de la saveur et de l'odeur des corps qui ont ces qualités, ce que nous tâcherons de faire voir dans cet ouvrage, ce n'est point à sa présence seulement que ces corps en sont redevables, car le feu n'a point dans son essence les qualités dont il s'agit; mais nous verrons qu'il les faut attribuer à un certain état particulier dans lequel cet élément se trouve dans ces corps; état qui ne lui est point naturel, puisqu'il le perd par sa propre faculté toutes les fois qu'il est libre de le faire.

65. L'élément dont il est question, n'a aucun mouvement particulier qui soit dans son essence. Nous établissons ce principe sur la sixième des qualités essentielles de la matière, que nous avons citées; et il nous paroît tout-à-fait absurde de dire à l'exemple de la plupart des physiciens et des chymistes, que le feu libre et pur a ses particules mues par un mouvement continuel très-rapide; on a même imaginé différentes hypotèses pour tâcher de rendre raison de la cause qui produit le mouvement très-rapide dont les particules du

feu élémentaire sont agitées, sans chercher à s'assurer si ce mouvement existoit en effet.

66. Le feu jouit d'une élasticité dont les effets peuvent être prodigieux, parce qu'elle est proportionnée à l'état de condensation que peut acquérir cet élément, et qui peut être immense, mais qui l'éloigne d'autant plus de son état naturel.

67. L'état naturel du feu, est celui de sa plus grande rarité possible; car les divers degrés de condensation qu'il peut acquérir, sont pour lui un état violent et forcé, qu'il perd par sa propre faculté, aussi-tôt qu'il devient libre, et qu'il ne garde par conséquent qu'autant que les causes qui le lui ont procuré, continuent d'agir, ou que les obstacles qui s'opposent à sa dilatation sont trop considérables. C'est de cet état du feu, dont j'ai parlé jusqu'à présent [depuis 59 jusqu'à 68], et dans lequel j'ai considéré cet élément comme un fluide d'une ténuité inexprimable, étant dans sa plus grande raréfaction possible, se trouvant répandu uniformément par-tout, n'ayant point ses molécules intégrantes agitées par aucun mouvement qui leur soit propre, n'agissant point sur les corps, autrement

que par sa masse et par les propriétés de l'attraction, ne produisant point la chaleur, &c. Mais il est bien essentiel de distinguer les effets que le feu produit lorsqu'il est modifié par une cause quelconque, d'avec ceux qu'il peut occasionner étant dans son état naturel; car ces effets sont très-différens, et sont moins dus aux qualités propres de l'élément dont il s'agit, qu'à celles qu'il a acquises par les modifications qu'il a éprouvées. Quoique ces modifications soient innombrables, on peut cependant les réduire à deux sortes principales, très-remarquables, et dont la connoissance est nécessaire pour l'intelligence de presque tous les phénomènes de la physique. Ces deux sortes constituent deux états particuliers du feu, que je nomme l'un son état d'expansion, et l'autre son état fixé.

* Le feu dans son état naturel est la matière véritable qui porte ou forme le son. Sa ténuité prodigieuse et sa grande élasticité lui donnent les qualités nécessaires pour produire cet effet, c'est-à-dire, pour propager le son sur-tout à travers les corps solides, même à de très-grandes distances; faculté que l'air ne sauroit avoir. Si dans le

vuide, le son paroît affoibli, c'est parce que l'effet de l'élasticité du feu qui va presque en augmentant, à mesure qu'il traverse les matières les plus solides (par les points d'appui qu'il en reçoit), diminue proportionnellement lorsque ce fluide élastique se trouve isolé. Ainsi l'on ne doit plus être étonné si, en se couchant sur la terre, on peut entendre le canon d'un siège à la distance de vingt lieues; tandis qu'on cesse aussi-tôt de l'entendre, si on se relève pour écouter dans l'air.

68. Il y a différentes causes qui ont la faculté de faire perdre au feu son état naturel, en le rassemblant et le condensant avec une force proportionnée à leur activité et à leur puissance. Les unes sont momentanées et n'ont lieu que dans certaines circonstances; mais il y en a d'autres qui agissent perpétuellement, ce qui fait qu'il y a continuellement dans la nature, du feu modifié, c'est-à-dire, du feu dans un état de condensation plus ou moins considérable.

69. Le feu ayant acquis un état de condensation quelconque, tend à se remettre dans son état naturel aussi-tôt qu'il est libre, c'est-à-dire, que cet élément s'étend

alors et se dilate par sa propre faculté, jusqu'à ce qu'il ait recouvré la raréfaction qui est dans son essence. Or, lorsque le feu étant condensé jouit de la faculté naturelle qui dans ce cas le porte à s'étendre, j'appelle cet état du feu, celui de son expansion. Cet état d'expansion du feu, est on ne sauroit plus remarquable; aussi me sera-t-il très-aisé de le faire connoître d'une manière évidente, par tous les phénomènes que je citerai dans les chapitres suivans. J'y prouverai sur-tout cette règle importante qui rend raison des phénomènes merveilleux dont le feu est la cause, et qui consiste en ce que, *lorsque le feu est dans un état d'expansion, son effort expansif, c'est-à-dire, la force qu'il emploie alors pour s'étendre, est toujours d'autant plus considérable que cet élément est plus fortement condensé.* D'où il résulte premièrement, que lorsque la condensation du feu est très-grande, si cet élément est libre, sa force d'expansion est alors prodigieuse; secondement, que lorsque le feu est peu éloigné de son état naturel [67], sa force expansive se trouvant proportionnée à sa légère condensation, est par conséquent extrêmement foible; troisièmement enfin, que lorsque le feu a acquis sa rarité naturelle et primitive, la force d'expansion dont il jouissoit dans les deux cas que je viens de citer, est alors tout-à-fait nulle; cet élément n'ayant en lui aucune faculté qui puisse le porter à s'éloigner de son état naturel.

70. Le feu pénètre très-facilement tous les corps [62], lorsqu'il est dans son état naturel; mais il n'en est pas de même, lorsqu'étant condensé, cet élément se trouve libre et tend à se dilater pour reprendre son premier état; car alors les corps environnans s'opposent à son expansion avec une force plus ou moins considérable selon leur nature. En effet, certains corps forment dans ce cas une très-grande résistance à sa dilatation, tandis que d'autres ne lui présentent alors qu'un obstacle si léger, qu'ils semblent favoriser son expansion.

71. Le feu étant amassé et condensé dans un corps quelconque, augmente alors la pesanteur naturelle de ce corps; il est vrai que pour que cette augmentation de pesanteur soit bien sensible, il faut que la condensation du feu qui est contenu dans ce corps, soit très-considérable.

72. Le feu entre comme principe constituant, dans tous les corps organiques et
dans la plupart des minéraux; il est alors
dans un état de condensation très-considérable, et son union avec les autres principes de ces corps, le retient comme en
captivité, en lui ôtant la liberté de s'étendre et de se remettre dans son état naturel. L'état du feu qui fait partie constituante d'un corps quelconque, est celui
que je nomme son état fixé. En effet, ce
feu fixé diffère essentiellement de celui
qui est en expansion [69], en ce que ce
dernier est libre, jouit de la faculté de
se dilater, et déploie effectivement cette
faculté, jusqu'à ce qu'il ait acquis son
état naturel; au lieu que le feu fixé dont
il est ici question, quoiqu'étant dans un
état de condensation et de contraction très-
considérable, se trouve retenu de manière
par l'effet de sa combinaison avec les autres principes du corps qui le contient,
qu'il ne peut par lui-même se dégager et
recouvrer la liberté de s'étendre. Mais si
une cause quelconque capable de rompre
l'union des principes constituans de ce
corps, vient à agir; alors ce feu fixé devient libre, et tend aussi-tôt à se dilater,

et à perdre la densité forcée qu'il avoit acquise, pour reprendre son état natu-rel [67]. Il l'acquerroit en effet sur le champ, si les corps environnans [70] ne s'opposoient à son expansion avec une force plus ou moins considérable, selon leur nature.

73. Le feu qui est dans un état d'ex-pansion [69], et par conséquent celui qui, en se dégageant des corps dans lesquels il étoit fixé [72], devient libre, communi-que à tous les corps environnans qu'il pé-nètre par les efforts qu'il fait alors pour s'étendre, une altération particulière, qui forme un écartement dans les parties ou les molécules des uns, et une dilatation dans celles des autres. Si les corps envi-ronnans n'opposoient aucune résistance à l'expansion du feu condensé ; ce feu les pénétrant sans peine, s'étendroit sans dif-ficultés et sans efforts: il reprendroit donc son état naturel, sans causer aucune al-tération dans les corps qu'il pénétreroit : mais cela n'est point ainsi ; le feu en ex-pansion ne parvient à s'étendre, qu'en se frayant un passage, et qu'en modifiant par sa force expansive, les corps qui l'envi-ronnent, et qui, quoique plus ou moins

fortement selon leur nature [70], opposent une résistance réelle à sa dilatation.

74. Le feu dans son état naturel [67] ne peut s'unir immédiatement avec aucun autre élément, ni avec aucun corps composé. Il les pénètre facilement [62], et n'y adhère jamais; mais lorsqu'il est dans un certain état de condensation, il peut être combiné avec la terre.

75. Le feu ne paroît pas pouvoir contracter d'union immédiate avec l'air; mais lorsqu'il est dans un certain état d'expansion et de condensation, et que l'air qu'il rencontre, contient de l'eau qui lui est adhérente, alors il peut s'unir à ces substances, et former avec elles un gaz quelconque dont les qualités seront en rapport avec la proportion de ses principes.

76. Lorsque le feu est dans un état d'expansion [69], cet élément trouve dans l'air qui l'environne, un obstacle d'autant plus considérable, qu'il est lui-même plus condensé, et que l'air l'est aussi davantage. Alors ce feu qui fait effort pour s'étendre modifie l'air qui résiste à son extension, et le dilate en proportion de l'activité de sa force expansive. Il suit de-là, que si la résistance que l'air oppose à l'expansion

du feu, n'est point suffisante pour forcer
ce feu de rester condensé, elle retarde au
moins considérablement le progrès de sa
dilatation. Il suit en outre que cette résistance produit d'autant plus efficacement
l'effet dont je parle, que l'air qui la forme
est dans un état plus dense, et que dans
un état contraire cette résistance doit être
affoiblie en proportion.

77. Le feu, quel que soit son état, ne
paroît contracter avec l'eau aucune union
immédiate bien connue. Mais lorsqu'il est
en expansion, il trouve dans l'eau un obstacle si léger, en comparaison de celui que
l'air lui oppose dans cet état [76], qu'elle
semble au contraire favoriser sa dilatation.
Aussi dans ce cas le feu pénètre l'eau très-
promptement en s'étendant dans ce fluide;
il s'y amasse si cette eau ne lui présente
qu'un volume trop peu considérable pour
sa quantité ; ou bien il achève par son
moyen, de se remettre dans son état naturel, si elle se trouve en assez grande
abondance pour lui permettre cette extension, en lui fournissant tout l'espace dont il
a besoin pour l'obtenir.

*Causes de la combinaison des élémens,
et de la composition naturelle des corps.*

78. On a dit que plus les substances étoient simples, plus les affinités étoient considérables : d'où il résulteroit que les élémens auroient tous entre eux beaucoup d'affinité et une même aptitude pour s'unir indistinctement les uns avec les autres. Mais l'observation fait voir suffisamment combien cette assertion est peu conforme aux phénomènes des matières simples, considérées dans leurs relations immédiates. Tous les changemens que la chymie peut opérer, ne se font jamais qu'aux dépens des matières composées qu'on altère ; tous les composés que l'on réussit à former, ne sont que les résultats de la destruction qu'on fait subir à d'autres composés préexistans ; et le très-petit nombre de recompositions que l'art parvient à produire, n'a lieu que par le sacrifice qu'on fait des substances qui, en se détruisant, fournissent les matériaux propres à rétablir certains corps dont la combinaison est un peu altérée, ou quelquefois en communiquant à ces corps l'un

des principes dont la proportion manquoit pour rétablir sa combinaison première : mais jamais on n'est parvenu à combiner immédiatement des élémens entre eux et à former un seul composé. Cela est impossible à l'homme; et nous espérons faire voir que cela n'est pas même possible à la nature considérée simplement en elle-même.

79. En effet, nous essaierons de prouver dans le cours de cet ouvrage, qu'il n'existe pas un seul composé qui ne contienne un ou plusieurs des élémens élastiques dans sa combinaison; et qu'ensuite aucun des élémens élastiques et compressibles ne peut se trouver dans l'état de combinaison , qu'il ne soit alors très-modifié, fort éloigné de son état naturel, et réellement dans un état de condensation extrême. Or la nature ne peut avoir aucune tendance à se détériorer elle-même, et ne l'a point en effet. Chaque sorte de matière simple tend à jouir des facultés qui sont dans son essence, et non à se modifier pour en acquérir de nouvelles, et perdre celles qui lui sont propres; en un mot non-seulement d'après cela, la nature ne peut elle-même former un seul

composé, mais il est évident au contraire qu'elle tend continuellement à détruire tous ceux qui existent. Aussi a-t-on tout-à-fait lieu de croire que l'existence unique des élémens munis des facultés qui sont propres à chacun d'eux, n'eût jamais pu occasionner ou faire naître cette multitude étonnante de corps composés qui constituent la richesse de la nature, et embellissent le spectacle qu'elle nous offre. La cause particulière capable de modifier les élémens et de les forcer à subir l'état de combinaison, c'est-à-dire, à devenir principes constitutifs des composés, sera développée dans la cinquième partie de cet ouvrage.

PREMIÈRE PARTIE.

LE FEU.

ARTICLE PREMIER.

De l'existence du Feu.

80. Il existe dans la nature une substance particulière qui influe singulièrement dans presque tous les phénomènes physiques, et sur-tout dans ceux qui nous étonnent le plus, et qui font l'objet de nos recherches continuelles. Cette substance très-simple dans son essence, peut être parfaitement connue sans le secours d'aucune supposition; car il est facile de la bien distinguer des autres, soit en la faisant voir elle-même, comme cela se peut dans beaucoup de circonstances, soit en la démontrant par ses effets constans; effets qui ne peuvent être produits que par elle seule, et qui indiquent par conséquent sa présence. Il semble, malgré cela, que les physiciens et les chymistes n'en ont jamais eu qu'une

idée

idée imparfaite ; et maintenant on peut dire que la plupart d'entre eux la méconnoissent tout-à-fait, puisqu'ils attribuent tous les effets qu'elle produit, à des matières différentes qui n'ont en elles-mêmes aucune de ses propriétés particulières.

81. La substance dont je veux parler, est le feu ; c'est elle qu'on a désignée diversement, mais sans jamais la définir comme elle devoit l'être, tantôt à la vérité sous le nom de feu même, tantôt sous celui de fluide igné, tantôt sous celui de phlogistique, qui, selon les uns, est un mixte du premier degré, et une matière simple selon d'autres, et tantôt enfin sous celui d'acide (1). Cependant, si l'on fait attention aux qualités particulières du feu, et si l'on distingue parmi ses facultés, celles qui sont réellement dans son essence, d'avec celles qu'il acquiert par les modifications qu'il éprouve dans la nature ; alors on trouvera par le développement

---

(1) Maintenant les chymistes pneumatiques lui donnent le nom de *calorique*, lorsqu'ils l'observent dans un certain état ; et dans un autre état, ils le nomment *carbone*, le prenant alors pour une autre substance.

le plus naturel et le plus simple, les véritables causes d'une infinité de phénomènes, qui, sans ce moyen, paroîtront toujours très-singuliers, et j'ose dire inex-
plicables. Mais tant que nous méconnoî-
trons la substance dont il s'agit, tant que
nous la confondrons avec d'autres matières, en leur attribuant les effets qui résultent de ses propres facultés, on verra
continuellement naître une multitude d'hypotèses moins propres, ce me semble, à
augmenter nos vraies connoissances en
physique et en chymie, qu'à jetter de l'incertitude et de l'obscurité dans les principes de ces sciences importantes.

82. Je vois par-tout le feu se manifester sous différens états, et produire, selon
les circonstances, une quantité étonnante
de phénomènes, qui tous me paroissent
s'expliquer très-simplement par le résultat
de ses facultés : je m'apperçois ensuite
que cette matière très-simple dans son essence, l'est pareillement dans tous ses effets, et que c'est faute d'avoir connu sa
nature, qu'on lui a attribué la faculté d'être
continuellement en mouvement, lorsqu'elle
est libre et dans son état naturel; parce
que cela répugne aux qualités essentielles

de la matière en général, et forme un paradoxe qu'on a tâché de pallier par l'hypotèse d'une prétendue force répulsive en laquelle se change la force d'attraction, lorsque les molécules matérielles sont très-petites et dans la moindre distance possible les unes des autres. Mais cette supposition n'est fondée sur aucun fait, et se trouve contradictoire avec ceux qui naissent de l'aggrégation étonnante des particules des corps durs, comme le diamant, le cristal de roche, &c. Car quelques grossières qu'on veuille supposer les molécules de ces substances, elles ne sont pas moins par la suite de leur aggrégation, dans la plus petite distance possible les unes des autres (1) : or, comment cette loi

---

(1) *Objection*. Quelques durs que soient le cristal, le diamant et d'autres corps, il est possible que leurs parties intégrantes soient infiniment grosses, en comparaison de celles du feu, et que leur plus grande proximité possible soit une distance considérable, en comparaison de celle à laquelle les parties intégrantes du feu peuvent s'approcher.

Réponse. La plus grande proximité que peuvent avoir entre elles, des molécules d'une substance quelle qu'elle soit, existe lorsque ces mêmes molécules sont unies ensemble par le plus de points de contact possible.

E 2

seroit-elle entièrement nulle pour ces matières, et produiroit-elle dans le feu l'effet

---

Or, les corps qui sont dans ce cas, ne peuvent jamais avoir leurs molécules intégrantes *à une distance considérable les unes des autres*, ni même à une distance quelconque, quelle que soit la grosseur de ces molécules; ils ne peuvent que laisser des interstices ou des espaces entre leurs points de contact. Mais cette distance supposée entre les molécules intégrantes des corps solides, est une idée vuide de sens, qu'on a négligé d'approfondir, ou avec laquelle on a tâché de se faire illusion, pour étayer la singulière hypotèse du feu libre dont les particules *sont naturellement dans un mouvement continuel très-rapide*. Aussi, loin de pouvoir dire que les molécules de la matière étant dans la plus petite distance possible les unes des autres, sont alors dans un état de répulsion, l'existence des corps durs prouve au contraire que ces mêmes molécules sont alors dans un état de cohésion d'autant plus considérable, que le nombre de leurs points de contact est plus grand.

Quant à la plus ou moins grande quantité de points de contact que les molécules intégrantes de certaines matières peuvent avoir dans leur aggrégation, ce n'est point dans la grosseur ou la petitesse des molécules qu'il faut chercher cette différence, mais c'est dans leur figure. Les molécules de figure sphérique, par exemple, me paroissent celles qui doivent avoir entre elles la moindre quantité possible de points de contact, dans leur plus grand rapprochement : elles ne peuvent

prodigieux qu'on lui remarque dans tant de circonstances?

83. Plusieurs savans modernes admettent maintenant une autre hypotèse pour rendre raison de la production du feu dans la nature; car, selon eux, le feu n'est point un être particulier toujours existant, mais c'est un produit du mouvement, lequel dépend de la loi universelle de l'attraction.

84. Premièrement, ils assurent qu'il n'y a point de chaleur sans mouvement; cela me paroît aussi tel, car le feu qui, dans certains cas, produit la chaleur, occasionne alors une dilatation dans les corps qu'il pénètre, ou un écartement dans leurs parties, et voilà sans doute le mouvement dont ils entendent parler. Ils disent ensuite qu'il n'y a point de mouvement sans chaleur, et donnent cette opinion comme

---

vraisemblablement constituer que des masses fluides. Celles au contraire qui ont une figure applatie ou lamelliforme, me semblent propres à s'unir ensemble par un très-grand nombre de points de contact, et à constituer par leur aggrégation, les corps les plus durs. L'observation confirme ce que j'avance; car les matières les plus dures que l'on connoisse, paroissent composées de lames.

un principe incontestable : mais je ne conviens point de ce fait, et je crois qu'il peut être justement contesté.

85. En effet, il me semble que le mouvement comme tel, c'est-à-dire, par lui-même, n'a jamais produit de chaleur ; et je ne balance pas à dire qu'il n'y a pas un seul fait connu qui prouve le contraire de ce que j'avance. Il est vrai que le frottement des corps solides entre eux, fait naître de la chaleur ; ce phénomène est assez connu, et je crois en avoir découvert la véritable cause ; mais le frottement et le mouvement me paroissent deux choses très-différentes. Le frottement, à la vérité, ne peut pas exister sans mouvement, mais le mouvement peut avoir lieu sans frottement ; sans quoi celui des planètes ne pourroit pas subsister. J'ajoute, outre cela, que tout frottement des corps entre eux, ne produit point de la chaleur, et qu'il n'y a uniquement que le frottement des solides contre les solides mêmes, qui puisse en faire naître. Mais le frottement des fluides entre eux (1), ou celui

____

(1) *Objection.* Les parties primitives intégrantes des fluides sont des corps essentiellement solides, et leurs

des fluides quels qu'ils soient, contre tous
solides quelconques, se trouve par le dé-

---

mouvemens et frottemens produisent de la chaleur
d'autant plus forte, que ces mouvemens et frottemens
sont plus considérables ; témoin le mélange de l'acide
vitriolique concentré avec l'eau, et beaucoup d'autres
faits semblables.

L'eau pure s'échauffe par le mouvement que font ses
parties, lorsqu'elle se gèle, &c.

Réponse. D'abord il ne me paroît pas vrai que les
parties primitives intégrantes de tous les fluides simples, soient des corps essentiellement solides. Il n'y
a que l'eau seule qui soit dans ce cas ; mais les molécules intégrantes de l'air et celles du feu sont essentiellement compressibles, comme le prouve leur prodigieuse élasticité. Ensuite, pas un seul fait connu n'atteste que les particules intégrantes des fluides, même
celles qui sont solides, peuvent dans leurs mouvemens
subir entre elles des frottemens assez forts pour produire de la chaleur. On sait que la violence des frottemens et des chocs est nécessairement en raison directe des masses qui se choquent ou qui éprouvent un
frottement entre elles. Or, dans les fluides, quelque
agités qu'ils soient, les masses qui agissent étant infiniment petites, ne peuvent occasionner que des frottemens extrêmement foibles. En effet, la résistance
qui se produit dans les frottemens des molécules des
fluides entre elles, est toujours le résultat simple de
la masse d'une molécule qui agit contre une autre molécule : au lieu que c'est entièrement le contraire dans

E 4

faut de résistance de chaque molécule des
fluides, incapable de produire la moindre

---

le frottement des corps solides (des masses solides par
l'aggrégation des molécules intégrantes) entre eux:
aussi dans ce dernier cas, la molécule choquante ou
frottante fait un effort relatif à toute la masse du corps
dont elle fait partie, ce qui est cause que dans le frottement de deux corps solides, les molécules qui se
choquent, font une résistance qui est le produit combiné et de leur propre masse et de la masse entière du
corps auquel elles appartiennent. Une aussi grande
différence entre le frottement des corps solides entre
eux, et celui des molécules intégrantes des fluides,
doit aussi en produire une proportionnée dans les effets
de ces deux sortes de frottemens.

A ce raisonnement simple, j'ajoute que toute chaleur qui se produit dans certains fluides qui ne l'ont
pas acquise par communication, est alors l'effet de leur
décomposition totale ou partielle, pendant laquelle le
feu fixé, principe composant de ces fluides, se dégage
en totalité ou en partie, devient libre, mais en expansion, et occasionne la chaleur remarquée; témoin aussi
l'acide vitriolique concentré, cité dans l'objection, et
dont une partie a été décomposée, lorsqu'on en a mêlé
toute la masse avec de l'eau; décomposition ensuite
prouvée par l'impossibilité de retrouver la même quantité de cet acide, en le concentrant de nouveau au même
degré.

Quant à l'eau qui paroît s'échauffer (ou plutôt qui
communique un peu de chaleur aux corps voisins),

chaleur possible. Aussi je me propose de prouver dans la première partie de cet ouvrage, que toute matière fluide qui acquiert un degré particulier de chaleur qu'on ne lui a point communiqué, ne doit cette chaleur à l'effet d'aucun frottement quelconque, mais qu'elle est produite par un véritable état de décomposition, dans lequel cette matière se trouve alors nécessairement.

86. Enfin on a fait plus que d'attribuer la chaleur à toutes sortes de frottemens; on a prétendu que la gravitation de chacune des parties du globe, quoiqu'elles soient dans un état de repos effectif, occasionnoit la quantité de chaleur dont ce globe est continuellement pénétré. Je desirerois connoître quels sont les faits d'après lesquels les auteurs de ces hypotèses

---

lorsqu'elle se gèle, les physiciens savent maintenant que la très-petite quantité de chaleur apparente dans ce moment, n'est pas due au frottement des parties de l'eau, mais provient de ce que la portion de chaleur (de feu en expansion selon moi, de calorique selon les chymistes pneumatiques), qui tenoit l'eau dans l'état de fluidité, en sort au moment où l'eau passe à l'état de glace, et alors se rend sensible sur un thermomètre placé dans cette eau.

se sont déterminés dans leur opinion ; et qu'est-ce qui, dans la nature, constate qu'un mouvement suspendu, non effectif, et qui, par conséquent, ne donne lieu à aucun frottement réel, ait pu produire de la chaleur. Je me flatte de faire voir que la cause de la chaleur commune du globe que nous habitons, peut être facilement connue, sans le secours de toutes ces suppositions, dont le fondement seroit en vain cherché. Mais je le répète: je ne suis pas surpris que le défaut de connoissance de la matière du feu, ou au moins que l'idée trop imparfaite qu'il me semble qu'on en a eue jusqu'à présent, ait fait inventer de semblables moyens, pour en expliquer les effets.

87. L'observation m'a conduit à découvrir quel étoit le véritable état naturel du feu, quels sont par conséquent alors ses qualités essentielles, et enfin quelles sont les facultés qu'il acquiert ensuite, dans les modifications nombreuses que différentes causes lui font subir. On verra que cette distinction qui est de la plus grande importance, m'a fait lever très-naturellement toutes les difficultés qu'ont dû rencontrer ceux qui ont défini cet élé-

ment relativement à ses effets, sans s'appercevoir de la différence qui se trouve
entre l'état qui constitue son essence, et
celui qui n'est que le résultat des modifications qu'il a éprouvées. Aussi, depuis
cette découverte la cause des phénomènes de la combustion, celle des corps
chauds et incandescens, celle de la fusion
et de la calcination, celle de l'ébullition
de l'eau et de son état de vapeur, celle
de la chaleur animale qu'il importe infiniment d'examiner de nouveau, celle de la
chaleur qui se produit dans les fermenta-
tions et les effervescences, celle de la
chaleur que fait naître le frottement des
corps solides contre les solides mêmes,
celle de la causticité, de la saveur et de
l'odeur des corps, qui ont ces qualités;
celle enfin de la volatilité naturelle, pour
ainsi dire, de certaines matières, &c. me
semblent des problêmes qu'il est possible
de résoudre d'une manière très-simple,
claire et satisfaisante. Tous ces faits me
paroissent se déduire naturellement d'un
seul principe, ou au moins de la présence
d'une même substance, mais qui se trouve
dans différens états, selon les circonstances
qui les accompagnent.

88. La théorie qui en résulte, et que je me propose d'exposer dans le cours de cet ouvrage, n'est point bornée à développer les causes de tous les faits dont je viens de faire mention; elle me paroît en outre la seule qui puisse rendre raison de tous les phénomènes que j'ai observés dans l'atmosphère. Aussi je m'en sers pour établir une liaison sensible entre les causes de ces phénomènes, et pour former, j'ose presque le dire, un point de vue général dans l'étude de la physique.

89. Quoique, par une suite de ma confiance dans les principes que je propose, je m'exprime, dans beaucoup de cas, d'une manière qui semble tout-à-fait décisive ; je puis cependant assurer que je n'ai d'autre but que de soumettre ces mêmes principes au jugement des savans qui s'intéressent aux vrais progrès des sciences, et que ce n'est que la conviction où je suis que mes observations et les réflexions qui les accompagnent, peuvent contribuer à leur avancement, qui m'a décidé à les faire connoître.

90. Au reste, comme depuis plusieurs années beaucoup de physiciens, d'ailleurs d'un très-grand mérite, font tous leurs

efforts pour rapporter à d'autres substances les phénomènes nombreux que la matière du feu dans ses différens états produit dans la nature, et que non-seulement les savans dont je parle doutent de l'existence de cette matière, mais même qu'ils la méconnoissent par-tout, de sorte que dans la plupart des écrits modernes sur la physique et sur la chymie, il n'en est presque plus question sous le nom de *feu*; je crois qu'il est necessaire de rapprocher ici sous un même point de vue, toutes les raisons qui m'ont autorisé à admettre dans la nature une matière particulière, simple par son essence, ayant des propriétés qui la distinguent de toutes les autres, une matière en un mot que j'ai désignée dans mon ouvrage sous le nom de *feu*. Pour y parvenir, voyons d'abord si l'existence de cette matière n'est point une de ces chimères qu'enfante tous les jours l'esprit de systême, ou si c'est une réalité confirmée par les faits.

QUESTION.

Est-il prouvé par des faits, qu'il existe dans la nature, une matière particulière perceptible à nos sens, et évidemment distinguée de la lumière, de l'air, de l'eau et de la terre, par des propriétés particulières à elle seule ?

91. Cette question importante, dont la solution peut donner lieu à la découverte des causes des phénomènes les plus nombreux et les plus intéressans de la physique, me semble pouvoir être résolue affirmativement par les raisons et les observations qui seront exposées dans cet article.

92. Lorsqu'on est à peu de distance d'un embrasement, on se sent pénétré de tout côté, par une matière qui produit en nous une sensation connue généralement sous le nom de *chaleur*. Si l'on approche un peu plus du lieu de l'embrasement, la sensation qu'on éprouvoit, devient aussitôt plus vive, et l'on s'apperçoit distinctement que la substance qui la produit, n'agit point par un simple contact des

parties extérieures de notre corps, mais agit réellement en nous; raréfie nos fluides, comme le prouvent le gonflement des veines extérieures et la rougeur qui survient au visage, et bientôt fait naître une sueur remarquable. Enfin, si l'on approche encore davantage, les mêmes effets se trouveront encore augmentés, et la sensation qu'on éprouvera alors, pourra être assez violente pour nous imprimer de la douleur : dans ce cas on dit vulgairement qu'on se brûle.

93. Par-tout autour du foyer on éprouve la même chose, quoique cependant on ne touche point aux matières embrasées. S'émane-t-il donc réellement des matières qui brûlent, une substance particulière se répandant de toutes parts, formant une atmosphère autour du foyer enflammé, et ayant la faculté de pénétrer tout ce qu'elle rencontre, et par conséquent de produire en nous les effets qu'on vient de citer; ou bien est-ce simplement l'air environnant du foyer en question, qui très-agité par l'effet propre de la combustion, va communiquant de proche en proche le mouvement qu'il a reçu, et cause tous les phénomènes dont on vient de faire mention ?

94. Nous allons faire voir d'abord que ce dernier sentiment n'est point fondé ; et les preuves que nous apporterons, mettront tout le monde dans le cas de juger si le premier mérite ou non, la préférence que nous lui avons accordée.

La chaleur qu'on éprouve autour d'un foyer embrasé, n'est point l'effet d'un mouvement continuel de l'air, qui entoure ce foyer, et qui communique un semblable mouvement aux corps environnans qu'il touche.

95. D'abord j'observe que tout fluide, quelqu'agité qu'il soit, ne communique aux corps solides qu'il touche, qu'un mouvement de masse, et ne peut jamais produire aucun mouvement particulier dans les parties qui constituent ces corps. Ainsi, par exemple, l'air très-agité peut me renverser par terre, soulever le toit d'une maison, culbuter un édifice, &c. Mais il ne communique jamais aux molécules aggrégatives de mon corps, ni à celles de l'édifice dont il s'agit, aucun mouvement particulier, différent du mouvement de masse qu'il imprime, lorsqu'il ébranle ou renverse

renverse. La raison en est simple et facile à saisir : en effet, comme les molécules des fluides sont libres, et qu'elles n'ont jamais plus de force dans leur mouvement que celle qui est relative à leur propre masse, elles ne sont jamais capables d'é-branler une molécule d'un solide, dans l'état d'aggrégation, parce que celle-ci ré-siste à la molécule libre, avec toute la force du solide entier. D'où résulte une différence prodigieuse entre la force de la molécule libre agissante, et la résistance de la molécule aggrégée, et en quelque sorte une nullité d'effet dans l'action de l'une, qui ne peut être que foible en rai-son de sa très-petite masse, sur l'autre dont la résistance est proportionnellement très-grande par une raison contraire.

96. Il suit de-là que tout fluide, dans telle agitation qu'il soit, ne peut commu-niquer à un corps solide, qu'un mouvement de masse, qu'un mouvement, en un mot, qui le renverse, qui l'enlève, qui l'en-traîne, &c. mais n'a nullement la faculté de produire dans les parties de ce corps, aucun mouvement particulier différent de celui dont je viens de parler.

Tome I. F

97. Voyons maintenant si tout ce que le raisonnement vient de nous apprendre, se trouve évidemment confirmé par les faits.

98. On sait que l'air le plus agité possible ne produit jamais en nous la chaleur; que le vent le plus violent ne dilate point les corps, ne fait point monter la liqueur du thermomètre, ne liquéfie point la cire, &c. quoique ce fluide, par la violence de son mouvement, puisse nous renverser, nous enlever, &c. &c.

99. Ce que nous venons de dire à l'égard de l'air, peut s'appliquer également à l'eau; car l'expérience prouve que cet élément, aussi agité qu'il puisse l'être, ne produit nullement la chaleur et ne communique aucun mouvement particulier aux molécules aggrégées des corps solides, quoique par sa masse il puisse renverser ces corps et les entraîner. Un vaisseau battu par la tempête, n'a point pour cela son bordage plus échauffé que la température régnante ne l'exige ; et la plus grande vîtesse d'un navire, c'est-à-dire, son plus grand sillage, ne peut faire éprouver aux parties de ce navire qui sont les

plus exposées au frottement de l'eau, le moindre degré de chaleur sensible au-dessus de la température des autres corps.

100. L'observation suivante prouve encore d'une manière incontestable que ce n'est point au prétendu mouvement de l'air qui environne un foyer embrasé, qu'on doit attribuer la chaleur qui se fait ressentir jusqu'à une certaine distance autour de ce même foyer.

101. Lorsqu'on se place devant le feu d'une cheminée, l'on se trouve nécessairement au milieu du courant que forme l'air qui arrive continuellement au foyer pour l'entretien de la combustion, et qui s'échappe ensuite par la colonne ascendante, à mesure qu'il est dilaté. Or, si la chaleur qu'on ressent auprès du foyer, étoit l'effet d'un mouvement particulier dans l'air qui environne les matières embrasées, comment pourroit-il se faire que lorsque l'air se meut sans cesse du lieu où l'on est, pour arriver ensuite au foyer même, l'on puisse, malgré cela, ressentir de la chaleur ? Qu'est-ce donc qui agit alors sur la personne qui est devant la cheminée, si l'air qui l'environne et qui la tou-

che, ne vient pas du foyer, mais y va au contraire ?

102. Je crois à présent pouvoir conclure d'après ce que je viens d'exposer, que la chaleur qu'on éprouve autour d'un foyer embrasé, n'est point l'effet d'aucun mouvement particulier de l'air environnant, ni même d'un autre fluide préexistant comme milieu commun, et qu'enfin toute agitation possible de quelque fluide que ce soit, (du feu même par conséquent), ne peut produire la chaleur qu'on éprouve auprès des matières enflammées , et n'est point capable de faire fondre la cire, de dilater les métaux , &c. d'où il suit qu'il faut chercher ailleurs la véritable cause de tous ces phénomènes. Or, je me propose de faire voir dans l'instant, qu'il s'émane réellement des corps qui subissent la combustion , une matière particulière qui n'agit point par une simple agitation de ses parties, mais par un changement singulier qu'elle éprouve elle-même dans sa densité , et qu'elle fait subir en même tems aux corps environnans qu'elle pénètre en faisant effort pour s'étendre.

Il s'émane de toutes parts autour d'un foyer embrasé, une matière particulière qui est alors dans un état violent d'expansion, et qui, ayant la faculté de pénétrer tous les corps qu'elle rencontre, les modifie et les dilate en s'insinuant dans leur substance, et cause dans ceux qui sont animés, la sensation qu'on nomme chaleur.

103. Si l'on approche d'un foyer embrasé, de la cire dans son état figé, ou un morceau de beurre, bientôt on s'apperçoit que le côté de ces substances qui regarde le foyer, devient lisse, luisant, se ramollit et se résout en larmes, qui coulent continuellement parce qu'elles sont dans un véritable état de liquidité.

104. Or, n'est-il pas probable qu'une matière particulière, en s'émanant des corps qui éprouvent la combustion, et en remplissant un espace considérable autour du foyer où sont ces corps, a pénétré les substances dont nous venons de faire mention, et par sa force expansive a détruit l'aggrégation de leurs molécules constituantes, ce qui a causé la liquidité de ces substances ?

F 3

105. La matière dont il s'agit n'est pas même absolument invisible ; car, si l'on s'éloigne un peu et que l'on regarde autour du foyer à l'opposé du jour, on appercevra distinctement cette matière, et on la verra former des ondulations sensibles, à mesure qu'elle s'exhale.

106. On me dira peut-être que l'on convient qu'il s'émane des corps qui subissent la combustion, une matière quelconque, qui a la propriété de causer la chaleur, de fondre la cire, &c. Mais on ajoutera que c'est gratuitement que je regarde ces émanations des corps embrasés, comme une matière particulière, simple par essence, et vraiment distinguée de la lumière, de l'air, de l'eau et de la terre ; parce que ces émanations ne sont peut-être que des composés particuliers de ces dernières substances, mais dans un état de modification qui les rend difficiles à reconnoître.

107. Voilà précisément où j'en voulois venir ; et c'est en répondant à cette objection, qu'il me sera facile de prouver solidement que les émanations particulières des corps qui éprouvent la combustion, ainsi que de ceux qui sont incan-

descens, ne sont formées par aucune des substances qu'on vient de nommer, ni ne peuvent être aucune sorte de leurs composés possibles.

108. La lumière en mouvement n'a point la faculté de traverser les corps opaques; et l'air, l'eau et la terre considérés séparément, ou combinés ensemble de toutes les manières possibles, n'ont jamais la faculté de traverser les pores du verre, et de pénétrer les substances métalliques sans les décomposer. Je ne crois pas que ces deux principes aient besoin de preuves.

109. Il est cependant très-certain que la matière qui s'émane des corps embrasés, ou de ceux qui sont incandescens, a la propriété singulière de traverser tous les corps, de pénétrer dans les substances métalliques sans altérer leur nature, et de passer facilement à travers les pores du verre sans le décomposer. Or, si mon assertion est confirmée par le fait, je suis donc fondé à prétendre que la matière particulière qui, en s'émanant des corps qui brûlent, cause de la chaleur, dilate et modifie les substances qu'elle pénètre, fond la cire, &c. &c. est tout-à-fait différente de l'air, de l'eau et de la terre, puis-

qu'elle a des propriétés qui lui sont particulières, et dont ces derniers élémens sont dépourvus, ainsi que les composés qu'ils peuvent former entre eux.

110. En effet, que l'on approche à quelque distance d'un foyer embrasé, un thermomètre soit à esprit-de-vin, soit au mercure, on verra dans peu de tems la liqueur qu'il contient, se dilater et monter dans le tube de cet instrument. Or, comme ce tube est fermé hermétiquement de toutes parts, aucune matière ne peut pénétrer dans son intérieur et agir sur la liqueur qui s'y trouve, qu'elle n'ait auparavant traversé la substance même du verre qui de tous côtés forme les parois du vase qui contient cette liqueur. C'est ce qu'a su faire la matière particulière qui s'est émanée du foyer, puisqu'elle a modifié la liqueur du thermomètre dont il s'agit, et qu'elle n'a pu le faire qu'après avoir traversé le verre qui le renfermoit.

111. Si l'on doute que dans cette expérience il soit entré réellement dans la liqueur du thermomètre, une matière quelconque, lorsque cette liqueur a été dilatée, les observations que je vais rapporter pourront dissiper une incertitude aussi

mal fondée, et mettront mon assertion dans la plus grande évidence.

112. S'il n'étoit entré aucune matière dans le thermomètre, lorsque sa liqueur a été dilatée, il faudroit que c'eût été le verre même qui ait alors agi sur la liqueur qu'il contenoit. Or, dans cette supposition, ou le verre du thermomètre a comprimé sa liqueur lorsqu'elle a monté, ou il a communiqué à toutes les molécules de cette même liqueur un mouvement particulier qui les force de se tenir plus éloignées les unes des autres. Je vais faire voir qu'aucune de ces deux causes prétendues n'ont lieu et ne peuvent l'avoir.

113. Dans le premier cas, c'est-à-dire, dans celui où l'on supposeroit que le verre du thermomètre eût comprimé sa liqueur, il faudroit pour que cela puisse être, que ce qui cause la chaleur ait la propriété de resserrer les corps. Alors le verre resserré par cette cause, diminueroit de capacité, et feroit par conséquent monter la liqueur qu'il renferme. Mais il arrive précisément le contraire; car ce qui cause la chaleur a la propriété de dilater tous les corps : aussi, comme le verre du thermomètre se dilate réellement dans cette cir-

constance, et qu'alors sa capacité augmente, la liqueur qu'il contient commence par descendre un peu, si l'on communique une chaleur subite à cet instrument, comme l'a fait voir l'abbé Nollet ; mais ensuite lorsque la cause qui a dilaté le verre, agit elle-même sur la liqueur qu'il renferme, elle la dilate aussi et fait monter la colonne de cette liqueur dans le tube de cet instrument. Or, dans l'expérience dont il est question, le verre du thermomètre n'agit donc pas en comprimant, c'est-à-dire, en diminuant de capacité, puisque sa capacité n'est susceptible que de s'augmenter dans cette circonstance.

114. Dans le second cas, qui est celui où l'on voudroit prétendre que le verre du thermomètre a pu communiquer à toutes les molécules de la liqueur qu'il contient, un mouvement particulier qui les oblige de se tenir écartées entre elles, il est facile de prouver que cela est tout-à-fait impossible, parce que le verre ne peut pas communiquer un mouvement qu'il n'a pas, et qu'il est clair qu'il n'a pas ce prétendu mouvement dans ses parties, parce qu'aucun fluide quelconque n'ayant la faculté dans telle agitation qu'il soit, de commu-

niquer aux molécules aggrégatives d'un corps solide, aucun mouvement particulier différent de celui que la masse même de ce corps peut avoir, le verre dont il s'agit n'a pu acquérir dans cette occasion (ni même dans toute autre), un semblable mouvement dans ses molécules constituantes. Cette dernière assertion n'est point une hypotèse, mais une vérité de la plus grande évidence, par les raisons que nous avons citées plus haut.

115. Maintenant, si le verre du thermomètre n'a point été la cause de la dilatation de la liqueur qu'il contient, la dilatation de cette liqueur a donc été causée par l'action de quelque matière qui s'est introduite dans sa substance. Nous allons voir que ce qui n'est encore ici qu'une simple conséquence, va bientôt se changer en certitude par les observations qui suivent.

116. Si l'on approche d'un foyer bien ardent, un vase de verre exactement bouché et plein d'eau à la température des autres corps, au bout d'un certain tems l'eau de ce vase aura changé de température; et si dans ce cas on la transporte loin du foyer, on ne l'emporte point seule, mais on emporte avec elle la matière dont

elle est alors chargée, et qui la modifie. Cela est prouvé par la faculté que cette eau a elle-même alors de communiquer aux autres corps qu'on plonge dans sa substance, la matière qui cause la chaleur. En effet, si l'on plonge un thermomètre dans cette eau, la liqueur de cet instrument se dilatera dans peu de tems; et si l'on y enfonce un morceau de métal peu épais, il sera chaud lorsqu'on l'en retirera.

117. On ne peut pas dire que lorsqu'on a emporté loin du foyer le vase plein d'eau dont nous venons de parler, on ait emporté en même tems du mouvement avec lui; car nous avons vu que ce mouvement prétendu n'est qu'une chimère, que le vase n'a pu acquérir aucun mouvement particulier dans ses molécules, et que même s'il en avoit pu avoir et en communiquer un semblable à l'eau qu'il contenoit, cette eau à son tour n'auroit pu ébranler et agiter les molécules du verre du thermomètre, ni celles du morceau de métal; parce qu'il est de toute impossibilité qu'un mouvement qui n'est point de masse, puisse deux instans de suite se conserver dans les molécules réunies d'une substance quelconque, sans être détruit par les chocs et

les réactions qui en résultent nécessairement , et puisse en un mot se propager
dans les molécules des solides , par la seule
impulsion de celles des fluides.

118. Au lieu d'un vase plein d'eau , si
l'on approche du foyer que j'ai cité , une
masse métallique comme un boulet de canon , après un certain tems l'on s'appercevra que la température de ce boulet est
réellement changée ; et si ensuite l'on place
ce boulet dans le foyer même , afin de lui
faire acquérir la plus grande quantité possible de chaleur , ou plutôt de ce qui la
cause ; ce même boulet au bout d'un tems
suffisant paroîtra rouge , et causera lui-
même une chaleur considérable lorsqu'on
l'aura retiré du foyer. Or, dans ce cas je
ne crois pas qu'on puisse nier que le boulet dont il s'agit , ne soit rempli dans toute
sa masse, d'une matière particulière dans
un état violent d'expansion ; matière qui,
faisant effort pour s'étendre , cause alors
tous les effets d'une vive chaleur ; matière
en un mot, qui de toutes parts s'exhale
du boulet, et s'en échappe d'autant plus
promptement , que les corps environnans
font moins d'obstacle à son extension et résistent moins à la recevoir , comme on peut

s'en assurer en comparant le tems qu'emploie ce boulet à se refroidir à l'air libre,
avec celui qu'il a besoin pour obtenir un
pareil refroidissement, étant plongé dans
une grande masse d'eau.

119. Ce qui prouve encore qu'une matière particulière s'est introduite dans la
substance du boulet pendant son exposition au foyer, c'est qu'à mesure que ce
boulet se refroidit, on apperçoit cette même
matière qui en sort et qui forme autour de
lui, une atmosphère sensible en s'exhalant:
ce qu'a nouvellement observé le citoyen
Marat, quoiqu'il nous paroisse qu'il n'ait
pas su profiter de cette belle découverte,
pour ramener la véritable théorie du feu
aux principes simples qui doivent la distinguer de toutes les hypotèses imaginaires que produit si communément l'esprit
de systême et le jugement peu exercé.
Enfin, ce qui constate que la matière particulière qui s'émane du boulet pendant
son refroidissement, est d'une nature très-
différente de celle de l'air, de l'eau, de
la terre, et de leurs composés, c'est qu'elle
a la faculté, comme nous l'avons déjà dit,
de traverser les pores du verre, et par
conséquent de pénétrer et de dilater la li-

queur d'un thermomètre qu'on approche-
roit de ce boulet dans cette circonstance.
Cette matière est aussi très-distinguée de
celle de la lumière, puisqu'elle traverse
avec facilité tous les corps opaques.

120. Nous sommes donc à présent en
état de répondre à la question proposé-
sée au commencement de cet article, et
nous pouvons assurer *qu'il existe réellement dans la nature une matière particulière, perceptible à nos sens, et qui est
évidemment distinguée de la lumière, de
l'air, de l'eau et de la terre, par des
qualités qui ne sont propres qu'à elle
seule.*

121. Nous avons donné à cette matière
le nom de *feu;* nom le plus anciennement
affecté à celle qui a la propriété, lorsqu'elle est dans un certain état, de causer
la chaleur, de produire la combustion d'un
grand nombre de corps, &c. et qui est la
même que celle dont nous venons de traiter. Il nous eût été indifférent de la nommer phlogistique, ou principe inflammable, ou principe acidifiant, ou principe
caustique, &c. &c. si à l'une de ces dé-
nominations on eût voulu attacher les véritables idées qu'on doit avoir de cette

matière : mais comme les noms ne font rien aux choses, et que ceux que je viens de citer, sont tous relatifs à des hypotèses qu'on a imaginées pour rendre raison de certains phénomènes particuliers, nous les supprimons tous comme étant susceptibles d'induire en erreur, et nous donnons par-tout le nom de *feu*, à la matière singulière dont nous venons de prouver l'existence, et dont nous allons constater les principaux états dans la nature.

ARTICLE II.

Des principaux états du feu dans la nature, et de la circonstance qui permet au feu de causer la chaleur.

122. Toute la matière qui existe, n'est pas dans l'état qui constitue son essence; et on peut dire qu'il s'en trouve continuellement une grande quantité qui est modifiée par l'activité qui règne dans tout l'univers. Les composés, par exemple, sont la preuve de ce que j'avance; car il est facile de s'appercevoir que plusieurs des matières qui font parties constituantes d'un composé quelconque, sont alors dans un

état

état de modification qui ne leur est point
naturel, et que par l'effet de cet état elles
n'ont plus les propriétés qui sont dans leur
essence.

123. Les sortes de matières dont les
molécules intégrantes sont solides et incompressibles, sont celles qui me paroissent éprouver, par l'effet de leur combinaison dans les corps, la modification la
moins considérable. L'eau et la terre sont
dans ce cas; mais les matières qui ont leurs
molécules intégrantes compressibles, sont
toujours extrêmement modifiées, et par conséquent fort éloignées de leur état naturel, lorsqu'elles font parties constituantes
des composés: c'est ce qui a lieu à l'égard
du feu et de l'air. Aussi l'expérience prou-
ve-t-elle que ces deux élémens s'étendent
toujours, et font effort pour occuper un
plus grand espace, dès l'instant qu'ils sont
dégagés des corps dans lesquels ils entroient comme principes composans. J'au-
rai occasion d'en donner des preuves dans
le cours de la seconde partie.

124. S'il est vrai que dans tous les composés qui existent, il y ait des élémens
très-modifiés et fort éloignés de leur état
naturel, il s'ensuit que par l'effet de la

destruction de ces composés, les élémens très-modifiés dont il s'agit, ne sont pas, dès l'instant même de leur parfait dégagement, dans le véritable état qui est dans leur essence. Car, en supposant qu'au moment même de leur dégagement, ces élémens soient tout-à-fait libres, il leur faut nécessairement un tems quelconque pour se remettre dans leur état naturel, c'est-à-dire, pour s'étendre, puisqu'ils étoient condensés. Or, ce tems qui pourroit être très-court, si les milieux environnans n'opposoient un obstacle plus ou moins considérable à l'expansion de ces matières, n'en est pas moins essentiel, et constitue réellement l'époque inévitable pour ces matières, d'un état moyen entre leur état de combinaison et leur état naturel. Je nomme *état d'expansion*, l'état moyen dont je viens de parler.

125. Il y a différentes causes qui ont là faculté de faire perdre au feu son état naturel, en le rassemblant et le condensant avec une force proportionnée à leur activité et à leur puissance. Les unes sont momentanées et n'ont lieu que dans certaines circonstances; mais il y en a d'autres qui agissent perpétuellement, ce qui

fait qu'il y a continuellement dans la nature, du feu modifié, c'est-à-dire, du feu
dans un état d'expansion et de condensation
plus ou moins considérable.

126. Nous sommes donc maintenant fondés à conclure que la matière du feu étant
susceptible de se trouver dans trois états
différens les uns des autres; savoir, son
état naturel, dans lequel elle n'est nullement modifiée; son état fixé, dans lequel
elle se trouve extrêmement condensée et
contenue par la cause qui l'y retient; et
enfin son état d'expansion, dans lequel elle
se trouve active, puisqu'alors elle continue
de s'étendre, jusqu'à ce qu'elle ait recouvré sa rarité naturelle. Cette matière
doit être absolument considérée dans ces
trois états différens, si l'on veut juger sans
erreur, des phénomènes qu'elle a la faculté de produire dans la nature; car il
est certain que ses propriétés ne peuvent
pas être les mêmes dans les différens états
que je viens de citer. Nous allons bientôt en
donner des preuves.

Du Feu considéré dans son état naturel.

127. L'état naturel d'une matière quelle

qu'elle soit, est celui qui est propre à l'essence de cette matière, c'est-à-dire, celui
qu'elle a, lorsqu'elle n'est ni altérée, ni
modifiée par aucune cause quelconque. Or,
comme toutes les sortes de matières qui
existent, ont un état qui leur est propre
et naturel, quoiqu'il ne soit pas toujours
facile et peut-être jamais possible de les
rencontrer vraiment dans cet état, on doit
néanmoins s'attacher particulièrement à
découvrir quel est l'état naturel de telle
ou telle substance qu'on examine et qu'on
veut connoître, afin de distinguer ensuite
les modifications qu'elle peut éprouver
dans la nature, et afin sur-tout de ne point
attribuer aux propriétés qui appartiennent
à son essence, des effets qu'elle n'a la faculté de produire que lorsqu'elle est modifiée.

128. L'examen de toutes les hypotèses
singulières qu'on a imaginées pour expliquer
divers phénomènes que le feu produit lorsqu'il est dans un certain état de modification, fait sentir tout le fondement de ce
que je viens de dire, et fait voir à combien d'erreurs on s'expose, lorsqu'on attribue indistinctement aux propriétés essentielles d'une substance, tous les phénomè-

nes qu'on lui voit produire dans ses différens états.

129. L'état naturel du feu est celui qui est constitué par sa propre essence, enfin c'est celui que cet élément conserveroit s'il étoit seul dans la nature. Dans cet état, le feu a essentiellement les qualités de la matière en général; il n'en a aucune qui y répugne réellement, et il en a de particulières qui le distinguent de toutes les autres sortes de matières que l'on connoît ou qui existent.

130. Le mouvement n'étant point essentiel à la matière, le feu ni aucune autre substance, ne peut avoir du mouvement inhérent en lui-même; et dans son état naturel, cet élément doit avoir toutes ses parties dans un parfait repos. L'attraction, comme l'on va voir, ne contredit en rien ce que j'avance. Premièrement, il est possible que cette attraction, qui est un effet général observé, ne soit point pour cela une qualité essentielle de la matière, mais qu'elle soit le produit d'une cause secondaire qui cesseroit peut-être d'avoir lieu, si l'activité répandue dans la nature, pouvoit être suspendue, quoique la matière fût toujours. Secondement, en supposant

que l'attraction fût essentielle à la matière, ce qui n'est point vraisemblable, elle ne pourroit néanmoins jamais produire un mouvement subsistant dans les particules d'une matière quelconque ; car, ou cette force, c'est-à-dire, cette tendance qu'ont les parties de la matière à s'approcher les unes des autres, seroit satisfaite par le contact de ces mêmes parties ; ou bien elle ne le seroit pas, les parties dont il est question, se trouvant distantes entre elles. Dans le premier cas, il résulteroit un repos parfait entre les parties contiguës de la matière, le mouvement ne pouvant consister que dans un déplacement réel des parties. Dans le second cas, les parties s'approcheroient, jusqu'à ce que leur tendance soit satisfaite par le contact, et par conséquent jusqu'à ce qu'elles fussent en repos ; état qui est nécessairement la suite de l'attraction satisfaite. Donc que le feu ou toute autre matière dans son état naturel, ne peut avoir ses molécules intégrantes dans un mouvement subsistant.

131. Ainsi, je définis le feu, une matière simple, fluide par essence, invisible et même imperceptible, lorsqu'elle est dans

son état naturel, d'une ténuité et d'une rarité inexprimable, soumise aux loix de la pesanteur, et extraordinairement compressible [58 et 59].

132. La pesanteur du feu est incontestable, puisqu'elle est l'effet de l'attraction qui est une des qualités générales de la matière; et comme ce fluide est d'une rarité beaucoup plus grande que celle de l'air, puisqu'il traverse facilement tous les corps, sa pesanteur est infiniment moindre que celle de l'air: aussi dans tel état de condensation qu'il soit, on le voit toujours monter dans l'air, ce qui ne peut être que l'effet d'une moindre pesanteur que celle de cet élément, et non celui d'une qualité propre et particulière.

133. Le feu pénètre avec une facilité égale, tous les corps, lorsqu'il est dans son état naturel, et se trouve par conséquent répandu uniformément par-tout. Il est clair que cet élément dans son état naturel, se trouve répandu également; puisque par-tout, comme nous le ferons voir, le frottement des corps solides entre eux, peut en le rassemblant et le condensant, le rendre sensible. Il est en outre facile de concevoir que sa ténuité peut être assez grande

pour que les interstices que laissent entre elles les molécules des matières les plus denses, soient pour lui des vuides ou des espaces suffisans, qu'il remplit sans efforts, et qui lui permettent de s'étendre uniformément par-tout; puisque dans un état de condensation, il pénètre encore les matières les plus compactes et les plus dures que l'on connoisse. D'après ce qui vient d'être dit, on peut se représenter le feu comme une mer invisible, dont les bornes au-dessus de la surface du globe ne nous sont point connues, et dans laquelle l'air et tous les autres corps sont comme immergés.

134. Le feu dans son état naturel agit très-peu sur les corps, ne produit point la chaleur, n'entretient point la fluidité des liquides, et n'altère pas même la densité naturelle de l'air. Ce principe est une conséquence du précédent; car, si la ténuité du fluide dont je parle, est telle qu'il puisse sans le moindre obstacle, pénétrer tous les corps et se répandre sans efforts, uniformément par-tout, cet élément ne peut produire d'autre effet, que celui de diminuer, mais d'une manière inappréciable et insensible, la pesanteur

naturelle de tous les corps ; et ne doit
en un mot avoir aucune action sur les
matières qu'il pénètre , puisqu'en s'insinuant facilement dans ces matières, rien
ne le porte à détruire l'aggrégation de leurs
molécules, qui ne lui fait aucun obstacle,
ni à changer l'état des corps que ces matières peuvent composer, puisqu'il les pénètre sans difficultés et peut les traverser
sans efforts. Cette inaction du feu dans
son état naturel, démontrée ici par le raisonnement, sera par la suite prouvée par
des faits.

135. Le feu n'a ni couleur, ni saveur,
ni odeur qui lui soit propre. Si cet élément est la cause de la couleur, de la saveur et de l'odeur des corps qui ont ces
qualités, ce que nous tâcherons de faire
voir dans cet ouvrage, ce n'est point à sa
présence seulement que ces corps en sont
redevables ; car le feu n'a point dans son
essence les qualités dont il s'agit : mais
nous verrons qu'il les faut attribuer à un
certain état particulier dans lequel cet élément se trouve dans ces corps ; état qui
ne lui est point naturel, puisqu'il le perd
par sa propre faculté toutes les fois qu'il
est libre de le faire.

136. Les particules du feu sont, comme je l'ai déjà dit, d'une ténuité extrême, puisqu'il a la faculté dans son état naturel, de traverser et de pénétrer tous les corps sans exception [133]. Or, cette qualité qui lui est particulière, le distingue évidemment de toutes les autres sortes de matières que l'on connoît.

137. Cet élément est fluide par essence, puisqu'il se répand par-tout à la manière des fluides, et qu'aucune matière connue n'ayant la faculté de le dilater, ne peut communiquer aucune fluidité à ses parties. Sa fluidité dépend sans doute de la figure de ses molécules, qui vraisemblablement ne permet qu'un trop petit nombre de points de contact pour donner lieu à une adhérence entre elles, et constituer une masse solide par leur aggrégation.

138. Les particules du feu sont très-compressibles, puisque les causes qui ont la faculté de modifier cet élément, le condensent jusqu'à un point extrême, comme le prouvent les phénomènes de son état de combinaison dans les corps, et les effets qu'il produit lorsqu'il en est dégagé.

139. Enfin le feu jouit d'une élasticité dont les effets peuvent être prodigieux,

parce qu'elle est proportionnée à l'état de condensation que peut acquérir cet élément, et qui peut être immense, mais qui l'éloigne d'autant plus de son état naturel.

140. On sentira aisément que l'état naturel du feu est celui de sa plus grande rarité, lorsqu'on fera attention que les divers degrés de condensation qu'il peut acquérir, sont pour lui un état violent et forcé, qu'il perd par sa propre faculté, aussi-tôt qu'il devient libre, et qu'il ne garde par conséquent qu'autant que les causes qui le lui ont procuré, continuent d'agir, ou que les obstacles qui s'opposent à sa dilatation, sont trop considérables.

141. D'après ce qui vient d'être exposé, nous pouvons conclure avec fondement, que les qualités du feu considéré dans son état naturel, c'est-à-dire, celles qui lui appartiennent en propre, sont les mêmes que celles de la matière en général; auxquelles il faut ensuite ajouter la fluidité par essence, qui est aussi le propre de l'air et peut-être même de l'eau [3o]; l'extrême compressibilité de ses molécules, qu'il n'a de commun qu'avec l'air;

et enfin sa ténuité inexprimable , qui lui donne la faculté de pénétrer tous les corps, et qui lui est tout-à-fait particulière.

142. Telles sont les qualités et les propriétés qu'on peut attribuer au feu dans son état naturel ; et nullement celles de causer la chaleur, de dilater les corps, de liquéfier aucun solide, de produire la combustion de la plupart des composés, de lancer la lumière , d'occasionner les sensations de la causticité, de la saveur, ou de l'odeur, de colorer les corps, &c. &c. effets que cet élément ne peut produire que par les nouvelles facultés qu'il acquiert lorsqu'il est modifié.

Du Feu considéré dans son état de fixité ou de combinaison.

143. Le feu est un des élémens des corps, et entre réellement comme principe constituant dans la plupart des composés qui existent [72]. Cette assertion est fondée sur les phénomènes que présentent ces mêmes composés dans leur destruction, opérée soit par la combustion, soit par la fermentation , et pendant laquelle le feu

qui s'en dégage, se manifeste d'une manière évidente. Elle est en outre prouvée par la possibilité de revivifier sans addition, certaines chaux métalliques par le moyen du feu libre qui se combine dans ces matières.

144. S'il est vrai que le feu soit un des élémens constitutifs de la plupart des corps, il est aussi très-vrai que cette matière combinée dans les corps, n'y peut pas être dans son état naturel; car sa ténuité et son extrême raréfaction, lorsqu'elle n'est pas modifiée, ne lui permettroient pas alors d'adhérer aux autres principes des corps qu'elle constitue, puisqu'elle a dans cet état la faculté de pénétrer, sans rencontrer aucun obstacle, toutes les substances quelles qu'elles soient.

145. Aussi, le poids considérable des composés où cette matière abonde, et la violence avec laquelle cette même matière s'étend lorsqu'elle est dégagée des corps qui la contenoient comme principe, prouvent d'une manière incontestable que son état de combinaison ou de fixité, est un état de condensation extrêmement considérable; en un mot, un état dans lequel cette matière se trouve très-éloignée de

celui qui lui est naturel , et dans lequel elle est retenue et fixée par l'effet de sa combinaison avec les autres principes, au point de ne pouvoir plus se remettre dans son premier état.

146. On me demandera maintenant comment et par quelle cause le feu a pu être ainsi condensé et fixé dans les corps, puisque l'état dans lequel il s'y trouve lorsqu'il les constitue, est si fort éloigné de son état naturel? A cela je répondrai qu'il suffit de savoir que la chose existe; parce que, pour cette connoissance, les preuves qui en font tout le fondement sont suffisamment à notre portée, et assez évidentes pour dissiper toute incertitude à cet égard : mais lorsqu'il s'agit de remonter aux causes premières ou éloignées , les moyens de s'assurer de ce que l'on croit appercevoir, sont si foibles qu'on ne peut alors que former des conjectures. Or, sur ce sujet, voici les miennes et les observations qui les appuient.

147. Je ne crois pas que le feu dans son état naturel ait la faculté de se combiner avec les autres élémens, soit séparément, soit tous ensemble, pour former un composé quelconque ; cela me paroît

tout-à-fait impossible, vu la nature de cette matière considérée dans son état non modifié. Mais je pense que lorsqu'une cause quelconque a condensé le feu, cet élément, quoiqu'encore libre, peut alors être saisi par d'autres principes, s'ils le rencontrent dans cet état, et s'ils sont eux-mêmes dans des circonstances propres à le retenir et à le fixer.

148. Le feu en expansion qui, comme je viens de le dire, se fixe dans certaines chaux métalliques qu'on revivifie sans addition, me semble prouver le fondement de cette opinion, et celui qui se fixe si abondamment dans les substances calcaires, à mesure qu'on les calcine, la confirme encore davantage. Or, le soleil est une cause continuellement active, qui, comme nous le ferons voir, produit sans cesse, à la surface de la terre, du feu dans un état d'expansion, c'est-à-dire, qui condense perpétuellement une quantité considérable de ce feu libre qui se trouve répandu par-tout, jusqu'à une certaine hauteur, dans l'atmosphère. Une partie du feu condensé par l'activité solaire, se combine avec l'air atmosphérique [75], et constitue un gaz quelcon-

que , plus ou moins abondant , mais se produisant ainsi par-tout vers la surface de la terre. Alors les êtres organiques , et particulièrement les végétaux pompent ou absorbent des portions de ce gaz, et par l'effet de l'action vitale , les fixent dans leur substance, dont elles deviennent des principes constitutifs.

149. Le feu fixé dans les corps n'y est pas dans tous, combiné avec un égal degré d'intimité. L'immense variété des circonstances qui accompagnent toutes les combinaisons , donne lieu à la formation d'une multitude prodigieuse de composés différens , qui tous sont distingués entre eux, ou par le nombre, où par les proportions de leurs principes constitutifs, dans toutes les nuances possibles, et enfin par divers degrés d'intimité de leur union. En effet, deux composés qui diffèrent entre eux, soit par le nombre , soit par les proportions de leurs principes, ne peuvent point avoir leurs élémens constitutifs dans la même intimité d'union; car la moindre différence dans la cause en produit essentiellement une dans l'effet : cela est incontestable.

150. Des différences qui se trouvent
nécessairement

nécessairement dans l'intimité de combinaison des principes des composés, résulte aussi de toute nécessité des différences dans la facilité de leur décomposition; car dans les combinaisons les plus parfaites, tous les principes se trouvent plus intimement engagés, et par conséquent plus à l'abri de l'action des causes extérieures; le contraire a donc lieu dans les combinaisons les plus imparfaites.

151. Lorsque les proportions des principes constituans d'un composé, sont telles qu'il n'en résulte entre eux qu'une union très-imparfaite; ce sont ceux de ces mêmes principes qui, comme *l'air* et *le feu*, se trouvant très-condensés par l'effet de leur combinaison, tendent le plus fortement à se dégager. Or, la moindre cause capable de favoriser le dégagement de ces derniers principes, suffit pour produire dans l'instant, la destruction d'un pareil composé. Il suit de-là que les composés de cette sorte, qui contiennent du feu comme principe constituant, doivent être ou caustiques, ou savoureux, ou odorans, selon l'abondance de leur feu principe, et selon le degré d'imperfection de l'union de toutes les parties composantes.

Tome I.　　　　　　　　　　H

152. Si l'imperfection dans la combinaison des principes d'un composé, donne à ce composé la faculté de produire les phénomènes de la causticité, ou de la saveur, ou de l'odeur, selon la quantité de feu fixé qu'il contient, &c. la manière dont les principes de ce composé sont combinés entre eux, et sur-tout l'état du feu fixé qui est dans cette substance, lui donnent aussi, comme nous le ferons voir dans la troisième partie de cet ouvrage, la propriété de réfléchir plus ou moins complètement la lumière, et par conséquent d'être plus ou moins coloré.

153. On voit déjà, par tout ce que nous venons d'exposer, que les propriétés du feu qui se trouve fixé dans les corps, sont, 1°. de contribuer à leur pesanteur spécifique; 2°. de causer les couleurs qu' les distinguent ; 3°. et de donner à ceu. dont les principes sont imparfaitemen combinés entre eux, la faculté d'être o caustiques, ou savoureux, ou odorans. C sera dans le cours même de cet ouvra, qu'on trouvera les fondemens et les dév loppemens de ces principes.

Du Feu considéré dans son état d'expan-sion.

154. S'il est vrai que le feu qui est fixé dans les corps, soit dans un état de condensation très-considérable [72], et par conséquent fort éloigné de son état naturel, on ne peut disconvenir que toutes les fois qu'un corps qui contient du feu comme principe constituant, vient à être détruit, le feu qui se dégage de ce corps, ne se trouve point dans son état naturel, dans l'instant même de son dégagement. Car, quoiqu'alors ce feu soit tout-à-fait libre, il est encore nécessairement condensé, puisqu'il n'a pas encore eu le tems de s'étendre et de perdre toute la condensation qui l'éloigne de son état naturel.

155. Or, cet état de modification dans lequel le feu, quoique très-libre, a cependant une condensation qu'il tend à perdre, est celui que nous nommons son *état d'expansion*. Cette dénomination nous paroît d'autant plus exacte, que le feu dans l'état dont il s'agit, est vraiment en action, puisque non-seulement il est libre et qu'il a la faculté de s'étendre ; mais

encore parce qu'il exerce alors réellement cette faculté, et qu'il se dilate en effet, jusqu'à ce qu'il ait recouvré la rarité qui est dans son essence.

156. Cet état d'expansion du feu, est on ne sauroit plus remarquable; aussi me sera-t-il très-aisé de le faire connoître d'une manière évidente, par tous les phénomènes que je citerai dans les articles suivans. J'y prouverai sur-tout cette règle importante qui rend raison des phénomènes étonnans dont le feu est la cause, et qui consiste en ce que, *lorsque le feu est dans un état d'expansion, son effort expansif, c'est-à-dire, la force qu'il emploie alors pour s'étendre, est toujours d'autant plus considérable que cet élément est plus fortement condensé.* D'où il résulte premièrement, que lorsque la condensation du feu est très-grande, si cet élément est libre, sa force d'expansion est alors prodigieuse; secondement, que lorsque le feu est peu éloigné de son état naturel, sa force expansive se trouvant proportionnée à sa légère condensation, est par conséquent extrêmement foible; troisièmement enfin, que lorsque le feu a acquis sa rarité naturelle et primitive, la

force d'expansion dont il jouissoit dans les deux cas que je viens de citer, est alors tout-à-fait nulle; cet élément n'ayant en lui aucune faculté qui puisse le porter à s'éloigner de son état naturel.

157. A mesure que le feu en expansion s'étend pour se remettre dans son état naturel, ce fluide éprouve dans tous les corps environnans, une résistance plus ou moins grande selon la nature de ces corps ou des milieux qui la forment; mais comme il déploie alors tous les efforts dont il est susceptible selon son degré de condensation, pour vaincre cette résistance, cet élément dans ce cas, modifie ou altère toutes les substances qu'il pénètre [76].

158. La nature des modifications ou des altérations que le feu en expansion produit sur toutes les substances qui se trouvent exposées à son action, prouve bien clairement la manière même dont il agit lorsqu'il est dans cet état; car ce n'est par-tout, ou qu'augmentation dans les volumes, ou que séparation dans les parties.

159. Dans le cas où le feu en expansion produit par les efforts qu'il fait pour s'étendre, une augmentation dans les vo-

lumes des corps qu'il pénètre, on sent
que cette augmentation est un effet très-
simple de l'écartement des parties, mais
qui ne va cependant que jusques à la diminution du nombre des points de contact entre les molécules aggrégatives des
corps. Ainsi, les métaux, &c. &c. sont di-
latés par le feu en expansion qui les pénètre; mais, lorsque les efforts expansifs
de cette matière qui s'étend, vont jusqu'à causer la séparation complète des
parties des corps; dans ce cas, il en résulte, ou simplement la liquidité de ces
mêmes corps, si la séparation dont il s'a-
git n'a lieu qu'entre leurs molécules aggrégatives; ou leur véritable décomposition,
si cette séparation s'opère entre leurs molécules constituantes. Ainsi, le feu en expansion peut liquéfier la cire, produire la
fusion de l'étain, du plomb, &c. &c. et
il peut décomposer les corps en les calcinant, les brûlant et faisant dissiper leurs
principes les moins fixes.

160. L'écartement des parties que le feu
en expansion peut produire dans la substance des corps inanimés, a aussi lieu lorsque la même cause agit sur celle des
êtres vivans sensibles; mais il en résulte

pour ceux-ci une sensation particulière qu'on nomme *chaleur*. Or, on sent que de même que cet écartement porté jusqu'à l'excès, cause la séparation réelle des parties, de même aussi la sensation appellée *chaleur*, étant à un trop haut degré de véhémence, se change en une douleur qui annonce une altération manifeste dans les organes de l'être animé qui l'éprouve.

La chaleur.

161. Lorsqu'un animal vivant se trouve faire partie des corps qui environnent du feu dans un état d'expansion, c'est-à-dire, est situé dans le voisinage de l'élément du feu devenu libre, après un état fixé et ayant encore une condensation qu'il s'efforce de perdre, les parties du corps de cet animal sont alors pénétrées par ce feu qui tend à s'étendre, et subissent un écartement particulier, ou une sorte de dilatation, qui fait éprouver à l'animal dont il s'agit, une sensation connue sous le nom de *chaleur*.

162. Si le corps de cet animal eût été très-près du feu, dans le premier instant que cet élément se trouve dégagé et qu'il

n'a encore fait presqu'aucun progrès dans sa dilatation, les parties de l'animal dont il est question, eussent alors reçu un feu très-dense, qui dans le violent effort qu'il fait dans ce cas pour s'étendre, leur eût fait subir un écartement si considérable, que les fibres et les molécules qui les composent, en eussent pu être déchirées, désunies et détruites. Cet effet du feu est connu sous le nom de *brûlure*.

163. On voit que la cause de la chaleur est la même que celle de la brûlure, et qu'il n'y a de différence que dans le degré d'activité de cette cause ; mais le feu dans son état naturel, n'eût pu produire la chaleur et encore moins la brûlure ; car dans cet état il n'a aucun effort à faire, puisqu'il pénètre aisément tous les corps. Or, comme dans ce cas le feu n'a point d'obstacle à vaincre, il ne peut avoir d'écartement à former, et par conséquent point d'altération à produire.

164. Ce qui prouve le fondement de cette assertion, c'est que plus le feu qui étoit condensé, a fait de progrès dans son expansion, plus aussi sa force expansive est diminuée, et moins alors il communique d'altération aux corps qu'il pénètre ;

c'est pourquoi à une distance un peu considérable d'un foyer embrasé, la chalenr qu'on éprouve est extrêmement foible. Il résulte de-là, que lorsque cet élément a recouvré sa rarité naturelle, sa force expansive est alors anéantie; car il doit exister un point où ce feu cesse de s'étendre par sa propre faculté; et ce point ne peut être qu'un état de repos et d'inaction parfaite (1).

____

(1) *Objection*, ou plutôt, *jugement positif*. Toute cette doctrine de la condensation et de l'expansion du feu, ne differe point de celle du feu combiné nommé *phlogistique*, et du feu libre ou feu pur; ce sont les mêmes idées exposées dans des termes différens. Mais l'ancienne théorie de l'aggrégation et de la combinaison ou composition paroît beaucoup plus juste, plus simple et plus intelligible.

Réponse. Quand je dis que le feu qui étoit condensé et fixé dans un corps, comme principe composant, ne fait que s'étendre depuis l'instant qu'il est dégagé de ce corps, jusqu'à celui où il a acquis son état naturel, état qui le constitue dans un repos parfait, et ne lui laisse que les qualités communes à la matière en général; je ne crois pas répéter, soit même en d'autres termes, ce qu'on avoit dit avant moi à cet égard, et j'avoue que quelques recherches que j'aie faites, je n'ai jamais trouvé d'ouvrage dans lequel la distinction des trois états si remarquables

165. Ce que je viens d'exposer, suffit pour faire sentir combien ont eu tort plusieurs physiciens modernes, de confondre la chaleur avec la matière du feu même, et de dire que les divers corps qui existent, ont chacun une chaleur spécifique qui est particulière à leur nature. Comme s'il y avoit une substance qu'on pût appeller *chaleur*; c'est bien le cas de dire ici qu'on a pris l'effet pour la cause même sans s'en appercevoir, la chaleur n'étant évidemment qu'un effet que produit la matière du feu, lorsqu'elle est dans un état d'expansion.

166. Le feu qui se dégage des corps, par la fermentation et pendant les effer-

---

du feu, soit clairement exposée; savoir, son état fixé, son état d'expansion, et son état naturel. Le savant auteur de ce jugement absolu, m'auroit rendu le plus grand service, s'il eût joint des preuves à sa décision.

Quant au degré de confiance que mon sentiment, comparé avec les opinions qui s'en écartent, mérite d'obtenir, je m'en rapporte, à cet égard, au jugement combiné de tous ceux qui prendront la peine de l'examiner et de l'approfondir; mais j'avoue que je ne puis me rendre à une décision privée, vague et sans preuves, sur-tout lorsque son auteur a un intérêt connu dans l'objet discuté.

vescences, se trouve dans un état d'expansion, comme celui qui s'émane des matières que la combustion détruit. Aussi ce feu cause la chaleur, dilate les corps et suffit quelquefois pour enflammer les substances qui sont exposées à son action.

167. Tout le feu en expansion, qui est ou qui peut se former dans la nature, ne provient pas uniquement de la décomposition des corps. Le frottement des corps solides entre eux, et les chocs des particules de lumière contre les matières qu'elles ne peuvent traverser, ont la faculté de condenser le feu libre, qui est répandu par-tout [62], et par conséquent de le mettre dans un état d'expansion. Ces deux causes agissent en déplaçant le feu qui est dans son état naturel, en le rassemblant, en l'accumulant et en le refoulant sur lui-même, au point de le modifier réellement et de le laisser en expansion.

168. S'il n'étoit pas déjà très-connu que le frottement de certains corps, a la propriété de rassembler ainsi la matière électrique et de l'accumuler de la même manière sur les corps frottans ou sur un corps voisin qui puisse alors s'en charger, on pourroit peut-être traiter cette opinion

d'hypotèse tout-à-fait chimérique. Mais, comme outre cet exemple frappant d'un effet dont on ne sauroit plus douter, j'espère prouver bientôt que le frottement des corps solides entre eux peut produire de la chaleur, avant que la substance de ces corps soit nullement altérée dans sa nature ; je crois en conséquence ce sentiment trop fondé pour que les savans et les vrais observateurs n'en constatent pas un jour l'évidence.

169. On peut maintenant concevoir, d'après ce que je viens d'exposer, quels sont les phénomènes que le feu en expansion peut produire ; et sans avoir recours aux vibrations imaginaires et impossibles des molécules des corps, on peut rendre raison de la cause très-simple qui dilate le verre, les métaux, &c. qui liquéfie la cire, le plomb, &c. qui calcine la pierre calcaire, les matières métalliques, &c. qui produit la combustion des substances végétales, animales et de beaucoup d'autres ; qui volatilise un grand nombre de matières ; enfin, qui occasionne la chaleur, &c.

170. Nous ne pouvons nous dispenser de dire un mot ici d'une opinion assez ré-

pandue, et qui, à ce qu'il nous semble, ne contribue pas peu à retarder les progrès de nos vraies connoissances sur la nature et les qualités réelles de la matière du feu. Les physiciens qui ont établi ou embrassé cette opinion, prétendent que les divers corps de la nature ont chacun une chaleur particulière qui leur est propre : et comme il est de fait que les divers corps physiques diffèrent entre eux par la faculté de recevoir et de perdre plus ou moins promptement la matière qui cause la chaleur, c'est-à-dire, de favoriser plus ou moins l'expansion du feu, [70 et 157], et par conséquent de se partager cette matière expansive, plus ou moins également dans leur mélange; les savans dont je parle, s'efforcent de rapporter à l'hypotèse de la chaleur propre des corps, plusieurs des phénomènes que présentent les corps mêlés ensemble ayant des températures différentes.

Tous les corps de la nature n'ont aucune chaleur qui soit dans leur essence.

171. Depuis qu'en Angleterre on a remarqué qu'en mêlant ensemble différentes

substances à quantités égales, mais ayant des températures différentes, le résultat de la chaleur commune établie dans de pareils mélanges, n'étoit pas toujours un terme moyen entre les différences des températures des matières mêlées ; on en a conclu, comme je l'ai déjà dit, que les divers corps de la nature avoient chacun une chaleur qui leur étoit propre ; et on a nommé cette prétendue chaleur propre de chaque corps, *leur chaleur spécifique.*

172. Maintenant, sans examiner si *feu* et *chaleur* peuvent être des mots synonymes ; si ensuite les conséquences qui ont fait admettre une chaleur spécifique et particulière pour chaque sorte de corps, sont vraiment bien fondées; si en un mot les divers degrés de perméabilité dont sont doués les différens corps [70], par rapport à la matière qui cause la chaleur, ne pourroient pas être la cause du phénomène remarqué dans les mélanges en question ; les recherches de la plupart des physiciens modernes n'ont néanmoins d'autre but, que de déterminer pour chaque corps, le degré ou la quantité de ce qu'ils appellent *leur chaleur spécifique.*

173. Ainsi, pour parvenir à la déter-

mination dont il s'agit, les uns emploient la méthode des mélanges, c'est-à-dire, celle qui consiste à observer quelle est la chaleur commune qui s'établit dans tel ou tel mélange de deux substances dont les températures sont différentes; et les autres font usage du moyen qu'indiquent les refroidissemens, moyen qui consiste à faire refroidir divers corps qui ont un degré de chaleur connue, dans différens milieux dont on connoît aussi la température.

174. A la vérité, ces recherches ne seront pas sans avantages réels; car il y a lieu de croire qu'elles doivent conduire à la découverte de beaucoup de faits nouveaux, ce qui sera toujours très-intéressant; mais il est dommage que les premières conséquences qu'on a tirées des faits déjà découverts par les moyens dont je viens de parler, aient porté à admettre un sentiment aussi peu fondé que celui dont il est question.

175. Il n'est point vrai qu'il y ait aucune substance connue, qui ait par sa propre essence la faculté d'être chaude, c'est-à-dire, de produire les effets de la chaleur; ni qui ait aucune chaleur cachée,

existante naturellement en elle. Le feu lui-même n'a point cette propriété [63], et n'est nullement dans ce cas : aussi avons-nous prouvé que la chaleur est un phénomène particulier résultant d'un des états de modification du feu, et non produit par la seule présence du feu lui-même.

176. En effet, le feu dans son état naturel ne peut, comme nous l'avons dit, occasionner aucune chaleur; car comme il ne tend en aucune manière, à s'éloigner de cet état, il est inactif et ne modifie point les corps dans lesquels il se trouve. le même élément fixé dans les corps n'en peut encore nullement produire; c'est une conséquence de l'état même dans lequel il est. Ainsi, cela ne peut être aucunement contesté : mais lorsque le feu se trouve dans un état d'expansion, il cause alors nécessairement les phénomènes de la chaleur; car dans cet état le feu agit sur nos sens [161], et produit sur les corps des effets sensibles, comme le fait voir le thermomètre. Or, il est clair que les effets que cause le feu en expansion, sont toujours les résultats d'une matière particulière, qui en s'étendant communique à tous les

corps

corps qu'elle pénètre, un écartement qui les modifie en raison de l'activité de la cause agissante.

177. Mais cette même cause s'affoiblit, et enfin s'anéantit par les suites mêmes de son action; car plus le feu s'est étendu, moins il est éloigné de son état naturel, et moins par conséquent il fait effort pour s'étendre davantage [63]. Il n'y a pas un seul fait connu qui démente ce principe; et j'ose dire que tout s'accorde à le confirmer avec la plus grande évidence; tout en un mot constate que la chaleur est un effet d'un état particulier du feu, et non une qualité ou propriété qui soit dans l'essence de cette matière. On n'est donc point fondé à dire que les corps de la nature ont une chaleur qui leur est propre; et je vais faire voir que la véritable cause des phénomènes qui ont servi à appuyer cette opinion, n'a point vraiment été apperçue par les savans qui l'ont admise.

178. M. de Magellan, dans un ouvrage intitulé, *Essai sur la nouvelle théorie du feu élémentaire*, expose plusieurs expériences très-intéressantes, et par le moyen desquelles ce savant prétend prouver,

Tome I. I

1°. que tous les corps physiques ont une chaleur absolue; 2°. que les divers corps de la nature étant distingués, soit par le nombre, soit par les proportions de leurs principes, n'ont pas tous la même quantité de chaleur; ce qui a déterminé cet illustre physicien à distinguer la chaleur absolue de chaque corps qu'il désigne par le mot *chaleur spécifique*; 3°. enfin, que tout corps qui, par une cause quelconque, a plus de chaleur absolue que la quantité qui forme sa chaleur spécifique ne le comporte, a alors une chaleur sensible ; parce que cet excès de chaleur produit dans ce cas, sur les corps et sur nos sens, tous les effets connus de la chaleur.

179. Cette théorie extrêmement ingénieuse et présentée avec beaucoup de précision , est appuyée sur des expériences dont il faut prendre connoissance dans l'ouvrage même pour en avoir une idée complète. Les conséquences que M. de Magellan a tirées de ses expériences , l'on conduit à établir la théorie qu'il propose mais je vais faire remarquer que les mêmes faits sur lesquels il s'appuie, et dou je rapporterai quelques-uns pour exempl ne peuvent au contraire que confirmer toi

les principes que j'ai exposés dans cet ouvrage.

180. En effet, M. de Magellan ne s'arrête point du tout à prouver comment la chaleur pourroit être la faculté d'une matière quelconque; il admet tout de suite cette faculté dans le feu élémentaire; et comme, selon lui, tous les corps physiques contiennent du feu élémentaire, ces corps par conséquent ont une chaleur absolue. Ainsi, *feu* et *chaleur* sont pour lui deux mots tout-à-fait synonymes [165]. J'avoue que cela me paroît aussi peu exact, que si l'on disoit que poudre à canon et detonnation ou explosion violente, fussent une seule et même chose.

181. La chaleur, sans aucun examen, étant regardée comme une substance, et non comme l'effet de l'état d'une substance, et ensuite cette même chaleur étant admise dans tous les corps, sans distinction des matières simples d'avec celles qui sont composées, il ne restoit plus qu'à mesurer sa quantité dans les corps; et c'est aussi la seule chose qui soit l'objet des recherches de M. de Magellan.

182. *Première expérience.* Prenez dix livres d'eau à cent quarante degrés du ther-

momètre de Fahrenheit : mêlez-les avec dix livres d'eau à quarante degrés. La chaleur du mélange sera quatre-vingt-dix degrés. Ainsi l'on voit, dit le savant que je cite, qu'en prenant des masses d'eau égales et qui ont des températures différentes, leur chaleur spécifique est égale.

différences.

La première quantité d'eau étoit. . . . . 140 } 50

La chaleur du mélange . . 90)

La chaleur de la seconde quantité d'eau . . . . 40 } 50

183. *Autre expérience*. Mêlez une livre de glace à trente-deux degrés, avec une livre d'antimoine diaphorétique lavé à vingt-deux degrés. Le degré de chaleur sensible dans le premier moment du mélange sera trente degrés. Or, dans cet exemple le résultat est fort différent; car

différence.

Chaleur de la glace. . . . . 32 }
Chaleur du mélange. . . . . 30 } 2

Chaleur de l'antimoine diaphorétique. . . . . 22 } 8

184. Donc la chaleur spécifique ou l feu élémentaire contenu dans la glace, es

à celui contenu dans l'antimoine diaphorétique lavé, comme huit est à deux, ou
comme quatre à un.

185. M. de Magellan croit que ces expériences prouvent des différences réelles
dans la chaleur spécifique des divers corps
de la nature, et par conséquent l'existence
véritable de ces chaleurs spécifiques. Mais
si M. de Magellan veut faire attention à
la belle observation de M. Franklin, qui
nous apprend que les divers corps qui
existent, sont plus ou moins bons conducteurs de la matière du feu, selon leur nature [voyez n°. 196], comme ils le sont à
l'égard de la matière électrique, c'est-à-
dire, selon nos principes, sont plus ou
moins propres à favoriser l'expansion du
feu, ou ce qui est la même chose, reçoivent plus ou moins facilement dans leur
masse, le feu qui se trouve en expansion;
alors tous les phénomènes dont il s'agit
s'expliqueront clairement et naturellement,
sans l'admission d'une chaleur absolue et
spécifique pour chaque corps; ce qui n'est
qu'une pure supposition.

186. On concevra sans peine que l'eau
étant un fluide très-propre à favoriser l'expansion du feu [34], et par conséquent

susceptible de se charger facilement de feu condensé qui cherche à s'étendre ; des masses d'eau égales, et qui ont des températures différentes, doivent dans l'instant même de leur mélange, se mettre à la même température, et se trouver dans une proportion égale et moyenne, entre la perte de chaleur de l'eau qui en avoit davantage, et l'acquisition de chaleur de celle qui en avoit moins. Car, après le mélange dont il s'agit, les deux masses d'eau ne formant plus qu'une seule masse de même nature, le feu en expansion qui se trouve dans cette masse, doit s'y répandre par-tout uniformément.

187. Mais, si on mêle ensemble deux corps qui ayant des températures différentes, ne sont pas également propres à favoriser l'expansion du feu ; quoique ces deux corps aient des masses égales, alors la perte de chaleur du corps le plus chaud, ne sera pas proportionnée à l'acquisition de chaleur du corps le moins chaud; ainsi la température du mélange ne sera pas moyenne entre la perte de l'un et l'acquisition de l'autre. C'est en effet ce qui a lieu dans la seconde expérience ; la glace perdant plus difficilement sa quantité de

chaleur, que l'antimoine diaphorétique n'est susceptible d'en acquérir de nouvelle.

188. Les expériences de l'électricité nous apprennent que, quoique l'eau conduise très-bien la matière électrique, la glace, malgré cela, ne la conduit nullement, et mes observations m'apprennent aussi que, quoique l'eau soit très-propre à se charger du feu en expansion, la glace n'a aucunement cet effet. Car, le feu en expansion modifie et fait fondre successivement toutes les parties de la glace, sans pouvoir s'insinuer par avance dans sa masse entière.

189. Or, cette seule considération suffit pour nous faire concevoir pourquoi lorsqu'on mêle de l'eau chaude à quarante-cinq degrés (therm. de Reaumur), avec une pareille masse de glace, le mêlange reste presqu'à la température de la glace, au lieu d'avoir acquis un terme moyen de chaleur, exprimé par une quantité de refroidissement de l'eau chaude, égale à une quantité de chaleur acquise de l'eau gelée, comme cela seroit si la température du mêlange s'établissoit aussi-tôt à vingt-deux degrés et demi. Mais cela n'est point ainsi; parce que pendant que la glace se fond, toute la chaleur excédente de l'eau

se dissipe sans cesse, ne pouvant être reçue dans la glace qui résiste à s'en laisser
pénétrer. Aussi, tout ce que l'on peut obtenir du feu en expansion qui étoit dans
l'eau chaude, est de produire la fluidité de
l'eau glacée en détruisant son état de glace.

190. Il sera facile de s'appercevoir que
les faits récemment découverts par le moyen
des mélanges qu'on a tentés, trouvent tous
leur solution dans les quatre théorêmes qui
suivent.

THÉORÊME I.

191. Les diverses substances qui existent, ne sont pas également perméables à
la matière en expansion qui cause la chaleur ; certaines se laissant pénétrer par
cette matière en expansion avec une facilité et une vîtesse très-remarquables ,
tandis que d'autres résistent à la recevoir
d'une manière très-marquée.

THÉORÊME II.

192. Deux portions d'une même substance ayant des températures différentes ,
et étant mêlées ensemble à quantités égales , produiront l'instant d'après leur mêlange , une température commune qui sera

d'autant plus approchante de la température moyenne entre les deux termes de
chaleur qu'elles avoient chacune, que la
substance dont il s'agit sera par sa nature
plus perméable à la chaleur.

THÉORÊME III.

193. Deux substances différentes n'ayant
point la même température, et étant mêlées ensemble à quantités égales, produiront aussi-tôt après leur mélange, une
chaleur commune, qui sera plus approchante de la chaleur qu'avoit la substance
la plus chaude, si l'autre substance est la
moins perméable à la chaleur; et qui s'ap-
prochera davantage de la température de
la substance la plus froide, si cette substance, par sa nature, est plus perméable
que l'autre, à la matière eh expansion qui
cause la chaleur.

THÉORÊME IV.

194. Pendant la répartition de la chaleur, qui s'opère plus ou moins complètement entre deux substances qu'on a
mêlées ensemble, ayant des températures

différentes, il se fait toujours une perte d'une portion de chaleur, qui s'exhale à travers les corps environnans. Or, cette perte est d'autant plus considérable, que la substance la moins chaude est en même tems la moins perméable à la chaleur.

195. Le premier de ces théorêmes fait la base des trois autres, et seul peut conduire à la connoissance des causes d'un grand nombre de faits physiques qu'on ne peut vraiment expliquer sans lui. C'est à M. Franklin que nous devons les observations curieuses qui ont contribué à le faire découvrir; car il fut le premier qui s'apperçut que la matière en expansion qui cause la chaleur, se répandoit beaucoup plus facilement dans certaines substances que dans d'autres; ce qui, d'après la comparaison qu'il faisoit de la matière du feu avec la matière électrique, le porta à distinguer aussi les corps en bons ou mauvais conducteurs de la matière du feu. Voici comme il s'exprime à ce sujet.

196. « Je compte, dit ce savant phy-
» sicien, que mon pupître et sa serrure
» sont à la même température, lorsqu'ils
» ont été exposés long-tems au même air;
» cependant, si je pose ma main sur le

» bois, il ne me paroît pas si froid que la
» serrure, par la raison, si je ne me trompe,
» que le bois n'est pas si bon conducteur
» que le métal, pour recevoir et emporter
» la chaleur de ma peau et de la chair
» qu'elle recouvre. Prenez un morceau de
» bois de la grandeur et de la forme d'un
» écu, tenez-le dans la main entre le pouce
» et l'index; tenez un écu de l'autre main,
» de la même manière; présentez en même
» tems les bords de l'un et de l'autre à la
» flamme d'une bougie; et quoique le bord
» du morceau de bois s'enflamme, et que
» l'écu ne s'enflamme pas, vous serez ce-
» pendant obligé de jetter celui-ci plutôt
» que l'autre, parce qu'il conduira plus
» promptement la chaleur à vos doigts.
» Ainsi, on peut manier sans peine, une
» tasse de fayence ou de porcelaine, pleine
» de thé ou d'autre liqueur chaude, et on
» ne le pourroit pas, si c'étoit une tasse
» d'argent. Il faut qu'une cafetière d'ar-
» gent ait un manche de bois. C'est peut-
» être par cette même raison que des vê-
» temens de laine tiennent le corps plus
» chaud que des vêtemens de toile également
» ment épais; la laine conservant la cha-
» leur naturelle, ou autrement ne la con-

» duisant pas dans l'air ». (*Œuvres de Franklin, tome II, page 64.* Voyez *aussi page 183*).

197. Cette facilité à se répandre dans les matières métalliques, que M. Franklin découvrit à la matière en expansion qui produit la chaleur, je l'observai aussi dans l'eau, mais à un bien plus haut degré encore que dans les substances métalliques même ; et je fus bientôt convaincu, par l'énorme vîtesse avec laquelle les corps qu'on a échauffés se refroidissent lorsqu'on les plonge dans l'eau, que cet élément est vraiment la substance la plus perméable à la chaleur, qu'il y ait dans la nature.

198. Ce simple exposé suffit, ce me semble, pour faire concevoir la cause des différences qu'on observe dans les températures des mélanges qu'on fait avec différens corps ; quoique ces corps soient mêlés ensemble à quantités égales ; car tous les corps de la nature ne recevant pas et ne perdant pas avec la même facilité le feu qui est en expansion, c'est-à-dire, n'étant pas également *perméables à la chaleur*, les résultats de leurs divers mélanges doivent nécessairement différer entre

eux; ce qui a lieu en effet. Mais aucun de ces résultats ne prouve l'existence d'une chaleur absolue dans les corps; ni par conséquent celle d'une chaleur spécifique, attribuée à chacun d'eux. Je suis donc fondé à prétendre que tous les corps qui existent, n'ont aucune chaleur qui soit dans leur essence, et qu'on puisse nommer, pour chaque sorte, *leur chaleur spécifique.*

CONCLUSION.

199. D'après l'exposé succinct que je viens de faire, je crois être solidement fondé à conclure :

200. Premièrement, qu'il existe dans la nature une matière particulière, perceptible à nos sens et bien clairement distinguée, par des qualités qui lui sont propres, de la lumière, de l'air, de l'eau, de la terre et de tous les composés que ces dernières substances pourroient former ensemble.

201. Secondement, que cette matière à laquelle je donne le nom de *feu*, existe où peut se trouver dans trois états dans la nature; et que ces trois états, dont la considération est on ne sauroit plus impor-

tante, sont les suivans ; savoir, son état
naturel, c'est-à-dire, celui qui est propre
à cette matière, lorsqu'elle n'est aucunement modifiée ; son état de combinaison,
c'est-à-dire, celui dans lequel elle est
fixée dans les corps comme principe constituant, de sorte qu'elle y est très-conden-
sée, mais n'y est point du tout libre ;
enfin, son état d'expansion, c'est-à-dire,
l'état condensé, mais libre, et par conséquent vraiment actif de cette matière (1).

202. Troisièmement, que dans ses différens états, la matière dont il s'agit n'a
nullement les mêmes propriétés, mais

----

(1) Les chymistes modernes ont donné à la matière
du feu différens noms particuliers, parce qu'ils attribuent à des matières différentes, les effets qu'elle produit, lorsqu'elle est dans différens états. C'est ainsi
que le feu, dans son état fixé, a reçu de leur part le
nom de *carbone* [le phlogistique de Sthal n'est pas
autre chose, mais il fut mal défini], et lorsqu'il est
dans son état d'expansion, ils lui donnent alors le nom
de *calorique*. Les chymistes dont je parle ne lui ont
pas donné de nom, lorsqu'il est dans son état naturel,
parce qu'alors étant imperceptible à nos sens, et ne se
manifestant point dans leurs expériences, ils ne se sont
point apperçus de son existence, et par conséquent des
effets que sa présence peut produire.

qu'elle en a nécessairement de particulières, qui font distinguer essentiellement ces
divers états les uns des autres; ce qui est
on ne sauroit plus nécessaire de remarquer, si l'on veut acquérir une idée juste
de l'élément dont il est question, et si l'on
ne veut pas s'exposer à lui attribuer comme
résultat de ses propriétés essentielles, des
effets qu'il ne peut produire, que lorsqu'il
est dans tel ou tel état de modification.

203. Quatrièmement, que le feu dans
son état naturel, n'est nullement actif, ex-
cepté comme matière et par sa masse; n'a
point la propriété de causer la chaleur,
d'occasionner la saveur ou la causticité de
certaines substances, de dilater les corps,
de rendre certains d'entre eux lumineux
et incandescens, de liquéfier la plupart des
solides, de produire la combustion, de vo-
latiliser un grand nombre de matières, &c.&c.
que ce n'est que dans son état d'expansion qu'il peut donner lieu à de semblables phénomènes, étant alors une matière
vraiment *répulsive*; que ce n'est enfin que
dans son état fixé ou de combinaison, qu'il
est la cause de la couleur des corps, et qu'il
peut, lorsqu'il se trouve en très-grande

quantité dans leur substance, contribuer à les rendre extrêmement pesans.

204. Cinquièmement, qu'il ne faut jamais attacher la même idée aux mots *feu* et *chaleur*; que le premier est le nom qu'on doit donner à la matière même dont je viens de faire mention; au lieu que le second est l'expression d'un effet que cette matière produit, seulement lorsqu'elle est dans un certain état; et que par conséquent il n'est point du tout vrai que tous les corps physiques aient une chaleur qui leur soit propre. A la vérité tous les corps qui composent la masse de notre globe, sont tous pénétrés d'une certaine quantité de feu en expansion, qui ne s'anéantit jamais; parce que, comme je le ferai voir, [art. V], il y en a continuellement dans toutes les parties du globe que nous habitons. Mais si la cause qui entretient ce feu en expansion, en le renouvellant sans cesse, venoit à ne plus exister, tous les corps de notre globe en seroient bientôt dépourvus.

ARTICLE

ARTICLE III.

DES causes de la combustion des corps.

205. LA combustion n'est autre chose que l'altération rapide qu'éprouve un corps combustible, par l'application d'une certaine quantité de feu en expansion, qui, en désunissant l'intimité d'union des principes de ce corps, en dégage entièrement ou en partie, le feu fixé qui entroit dans sa combinaison. Cette altération s'opère, parce que le feu en expansion, appliqué contre le corps combustible, et maintenu dans cette application, par la résistance que lui oppose l'air environnant qui l'empêche de s'étendre [76], détruit alors par ses efforts expansifs, la combinaison des principes dont il s'agit, et occasionne par-là le dégagement d'une partie de son feu fixé. Cependant, quoique tous les composés qui existent contiennent réellement du feu fixé qui est susceptible d'être dégagé, mais plus ou moins facilement, par du feu en expansion; néanmoins on ne donne, en général, le nom de *combustion*, qu'aux décom-

positions de cette nature, qu'on fait subir aux matières qui contiennent assez abondamment du feu fixé, pour paroître dans l'état igné pendant son dégagement.

206. Le feu fixé qui est un des élémens constitutifs des composés, quels qu'ils soient, y est dans un état de condensation extrême [72], et n'a pas la liberté de s'étendre pour se remettre dans son état naturel ; parce que son union avec les autres principes de ces matières, le retient comme en captivité, et lui ôte la faculté de déployer le ressort prodigieux qui le fait dilater avec violence, lorsqu'il devient libre étant ainsi condensé. Or, si une cause quelconque capable de rompre l'union plus ou moins intime que ce feu condensé a contracté avec les autres principes des corps qui le contiennent, vient à agir ; alors les particules de ce feu fixé se trouvant dégagées et tout-à-fait libres, tendent sur le champ à perdre la densité forcée qu'elles avoient acquises par l'effet de leur combinaison dans ces corps. Elles reprendroient en conséquence dans l'instant même leur état naturel ; si leur raréfaction et leur effort expansif n'étoient contrariés par les corps

environnans [70], qui opposent une résistance plus ou moins considérable selon leur
nature, à la dilatation de ce feu libre.

207. J'ai dit en effet [62], que l'air comme
tous les autres corps, se laissoit aisément
pénétrer par le feu, lorsqu'il est dans son
état naturel; mais qu'il résistoit constamment au passage de cette matière et à son
extension, lorsqu'elle étoit dans un état de
condensation véritable ; et qu'enfin cette
résistance étoit toujours d'autant plus considérable, que l'air qui la formoit étoit
plus condensé, et que le feu lui-même se
trouvoit plus éloigné de son état primitif.
Il suit de ce principe, que toutes les fois
que l'air environnera les particules de feu
dès l'instant qu'elles sont dégagées des
corps et devenues libres, cet air formera
un obstacle à leur expansion, les empêchera
de se raréfier, et agira contre elles avec
d'autant plus de succès, qu'il sera plus
dense, et que ces particules de feu nouvellement libres, seront moins dilatées.

208. Examinons maintenant ce qui arrive
à un corps qui éprouve la combustion.
Supposons, par exemple, un morceau de
bois bien sec, auquel on applique du feu
libre et dans un état d'expansion; ce feu,

selon les principes que j'ai exposés, doit faire effort pour s'étendre, afin de perdre la densité qui l'éloigne de son état naturel [67] ; mais, comme les matières qui l'environnent sont d'une part, l'air qui s'oppose fortement à sa dilatation [49 et 76], et de l'autre le morceau de bois contre lequel on l'a appliqué; ce feu alors déploie nécessairement une partie de son effort expansif contre le morceau de bois, pénètre dans sa substance, et cause un écartement soit dans ses fibres, soit dans leurs molécules aggrégatives. Aussi agissant toujours comme un coin, ou comme un ressort dans tous les interstices des molécules dans lesquels il s'insinue, bientôt il parvient à altérer la substance même de ce bois, à détruire l'union des principes sur lesquels il agit; enfin, à dégager plusieurs des particules du feu fixé qui entroient dans la composition de la substance du morceau de bois, et par conséquent à rendre à ces particules de feu fixé, la liberté qu'elles avoient perdues dans leur état de combinaison. Ces nouvelles particules de feu, devenues libres, se joignent dans l'instant à celles qui les ont délivrées, et tendent aussi sur le champ à se dilater avec elles. Or, l'effort commun de toutes ces particules de feu réunies, contre l'air environnant qui fait obstacle à leur expansion, et contre le bois où elles restent appliquées par l'effet de la résistance de l'air, augmente bientôt l'altération qu'éprouve ce morceau de bois, en brise de nouvelles fibres, en détruit les molécules aggrégatives, en désunit leurs principes combinés, et en un mot, en dégage d'autres particules de feu fixé, que leur état de combinaison retenoit captives. De cette manière, on conçoit que l'incendie doit augmenter; parce que, plus il se trouve de particules de feu dégagées, plus les moyens propres à la destruction des molécules aggrégatives du morceau de bois cité, sont puissans, sur-tout si l'air environnant continue de résister à la dilatation de cette masse de feu condensé, qui est appliquée contre le morceau de bois, et qui fait effort pour s'étendre (1).

____

(1) *Objection* sous forme de question. Est-il un seul fait connu qui indique que l'air oppose plus d'obstacle que l'eau, à l'expansion du feu?

Réponse. Les faits nombreux que nous citons dans le cours de l'article *combustion*, nous paroissent plus que suffisans pour faire connoître l'inutilité de cette

Colonne d'air ascendante, essentielle à la combustion.

209. Toute combustion qui exige de la durée, c'est-à-dire, qui ne s'opère point et

---

question, ou au moins la réponse qu'on doit y faire. Il ne faut que consulter les phénomènes que présente la combustion, pour s'appercevoir que le feu libre et en expansion, appliqué contre une matière combustible, n'y subsiste et n'y entretient la combustion que parce que l'air environnant s'oppose sans cesse à son expansion ; il ne faut ensuite que jetter de l'eau sur une matière embrasée, pour remarquer dans l'eau un effet tout-à-fait contraire, effet sur lequel je crois avoir donné des détails suffisans pour en faire bien connoître la cause.

J'ajouterai seulement ici un fait qui suffiroit seul pour décider la question sans réplique. Que l'on fasse chauffer un morceau de fer jusqu'à un degré déterminé, comme jusqu'au rouge ; et qu'ensuite on le laisse refroidir à l'air libre, en observant le tems qu'il emploiera à perdre le feu en expansion dont il est pénétré (en sus de celui qui forme la température régnante), ou en d'autres termes, à se refroidir : qu'après cela on fasse encore chauffer jusqu'au même degré, le même morceau de fer ; et qu'alors on le plonge dans de l'eau, dont la température soit la même que celle de l'air commun. La promptitude avec laquelle cette eau enlevera le feu en expansion, dont le morceau de fer ne s'achève point en un seul instant, ne peut subsister sans la formation et la conservation d'une colonne d'air ascendante.

210. En effet, l'air qui, en résistant au passage du feu en expansion, le touche immédiatement, s'en trouve sur le champ modifié; car ce feu, par la violence de son effort, pénètre cet air malgré lui et le dilate dans l'instant [76]. Or, cet air ainsi dilaté, n'oppose alors à l'extension du feu, qu'une foible résistance; et s'il continuoit

étoit pénétré et même environné, mettra l'observateur en état de décider *si l'air oppose plus d'obstacle que l'eau, à l'expansion du feu.*

Nota. En passant dans l'eau, le feu en expansion n'a point conservé l'état de condensation dans lequel il se trouvoit dans le morceau de fer. Il n'a en effet quitté ce morceau de fer, et n'a passé dans l'eau que parce qu'il s'est étendu et dilaté. Cela est si vrai qu'aucun moyen possible n'est capable de rassembler ce feu en expansion qui est passé dans l'eau, et de nous le procurer au même degré de condensation où il étoit dans le morceau de fer. Aussi, lorsque le feu en expansion se partage entre plusieurs corps dans lesquels il semble seulement se mettre en équilibre, c'est toujours en se raréfiant qu'il le fait, et en diminuant progressivement sa faculté de produire les effets de la chaleur; faculté qu'il a entièrement perdue, lorsqu'il est parvenu à sa rarité naturelle.

K 4

de rester auprès de la masse de feu en expansion dont il s'agit, ce feu n'éprouvant
presque plus d'obstacle pour s'étendre, ne
feroit contre le morceau de bois que je
viens de citer, que de très-foibles efforts :
il n'en pourroit plus rompre les fibres, il
n'en désuniroit plus les principes constituans; enfin il n'en dégageroit plus de feu
fixé, et par conséquent la combustion cesseroit. Mais il n'en est point ainsi ; tout
l'air qui touche immédiatement le feu en
expansion, s'en trouve nécessairement dilaté : or, cet air par sa dilatation occupant
un plus grand espace qu'auparavant, devient plus léger que l'air voisin qui n'a
point éprouvé la même raréfaction; il est
donc sur le champ déplacé par celui-ci,
et est forcé de s'élever selon les loix de
la pesanteur des fluides. Le nouvel air non
dilaté qui remplace celui que le feu venoit
de modifier, renouvelle bientôt par son état
de densité, la résistance que lui avoit opposé le premier air : il est vrai que le feu
agissant alors sur ce nouvel air qui lui fait
obstacle, de la même manière que sur le
précédent, ce feu le dilate aussi dans l'instant même, et diminue bien vîte en lui,
la faculté qu'il avoit de s'opposer à son

expansion : mais, comme la dilatation de cet air le force encore de monter et de céder sa place près du feu, à un air plus dense qui y arrive, on sent qu'il doit alors s'établir un courant d'air, formant une colonne montante continuellement, et entretenue par l'air inférieur et latéral, qui remplace sans cesse près du feu, celui qui, raréfié, s'échappe par la colonne. On sent enfin que le feu en expansion doit éprouver de la part de l'air environnant, une résistance continuelle à sa dilatation, parce que les obstacles que lui oppose cet air, sont aussi-tôt renouvellés par le courant qui s'établit, que diminués par l'action du feu, et que par conséquent au moyen de cette colonne ascendante, la combustion peut continuer jusqu'à l'entière destruction du morceau de bois.

211. Il suit de ce que je viens de dire, qu'un air très-dense doit hâter la combustion des corps; parce que, opposant une grande résistance à l'expansion du feu libre qui tend à s'étendre, ce feu déploie alors nécessairement une grande partie de ses efforts expansifs, contre les corps qu'il touche : or, comme la violence des efforts du feu dans cet état, est proportionnée à

la résistance qu'il éprouve, ceux qu'il fait
dans ce cas sont si puissans, qu'ils opèrent
facilement la désunion des principes constitutifs des corps combustibles qu'il pénètre dans cette circonstance; il en dégage
avec célérité le feu fixé qu'ils contenoient,
et achève en peu de tems la destruction de
ces corps, en laissant des résidus plus ou
moins considérables. Aussi voyons-nous
que l'hiver, lorsqu'il fait fort froid, les
corps combustibles auxquels on a appliqué
du feu en expansion, brûlent avec une rapidité considérable, et que le contraire
arrive dans les tems de chaleur et dans les
lieux où l'air est fort raréfié.

212. Pour que la combustion puisse avoir
lieu et continuer, j'ai dit [210] qu'il étoit
nécessaire qu'il s'établisse un courant d'air
formant une colonne ascendante, afin que
l'air qui est dilaté par le voisinage du feu,
puisse être chassé de sa place, et remplacé sur le champ par un air plus dense
et propre à faire un nouvel obstacle à l'expansion de ce feu. Il résulte de ce principe que toutes les fois qu'on empêchera
le courant d'air dont je parle, l'air qui environne le feu, ne pouvant point s'échapper
après avoir été dilaté, continuera par con-

séquent de rester autour du feu, malgré
son état de raréfaction; mais alors cet air
cessera de faire obstacle à l'expansion
du feu, ce qui diminuera considérablement l'effort que ce feu déployoit contre
la matière combustible, et suffira pour arrêter sa combustion. Aussi voyons-nous
que lorsqu'on bouche le tuyau d'un poële,
on interrompt le courant d'air qui passoit
par ce tuyau, et le feu du poële s'éteint.
On sait que lorsque l'embrasement a lieu
dans le tuyau d'une cheminée, il suffit,
pour l'éteindre, de boucher l'extrémité supérieure de cette cheminée, afin d'inter-
cepter le passage de la colonne d'air ascendante qui s'est établie pour l'entretien
de la combustion. Il est vrai que ce moyen
est dangereux, sur-tout si les parois de la
cheminée ne sont pas solides, parce que
la force expansive du feu peut dans ce
cas faire crever la cheminée. Lorsqu'on
met dans un chaudron qu'on nomme *étouf-
foir*, du charbon embrasé, ce charbon continue de brûler, si on laisse le chaudron
découvert, parce qu'il s'établit un courant
d'air, selon les principes que je viens d'exposer [210]: ce courant est en effet formé
par l'air qui afflue latéralement de tous

côtés, vers les bords du chaudron, pour remplacer, en se précipitant dans ce vaisseau, l'air que le feu dilate, et qui s'élève en formant une colonne ascendante; mais si l'on couvre le chaudron de manière à interrompre cette colonne d'air ascendante, les charbons seront éteints dans l'instant ; on dit vulgairement dans ce cas, que l'on étouffe le feu; mais on ne fait réellement que favoriser son expansion, en supprimant l'obstacle que l'air lui faisoit sans cesse. Or, en favorisant ainsi l'expansion du feu, on diminue ses efforts, et par conséquent son action sur la matière combustible : aussi le feu fixé que contient cette matière, n'est plus dégagé, l'embrasement cesse, le feu appliqué se dissipe, et alors on dit qu'il est éteint.

213. On conçoit maintenant pourquoi la combustion cesse dans le vuide, et l'on voit que dans ce cas le feu en expansion ne rencontrant plus d'obstacle à vaincre, pour se remettre dans son état naturel, doit s'étendre aussi-tôt sans difficulté, et ne plus agir sur la matière combustible C'est ce qui fait qu'au sommet des plus hautes montagnes, la combustion s'entretient plus difficilement, *comme cela a été*

observé; l'air y étant moins comprimé par le poids de celui qu'il supporte, y est beaucoup moins dense que vers la surface de la terre, et y fait moins d'obstacle à l'expansion du feu.

214. Par la même raison, on conçoit encore pourquoi une bougie allumée s'éteint lorsqu'on la recouvre d'un récipient ou d'une cloche de verre ; car l'on sent que cette cloche interrompt la colonne d'air ascendante, essentielle à la combustion, et force l'air qui a été dilaté de rester autour du feu en expansion qui forme la flamme de cette bougie. En effet, ce feu dont une partie se combine avec l'air sous l'état de gaz, s'étend alors plus librement à travers ce gaz, qui en est un bon conducteur ; il sort ensuite par les pores du verre; en un mot, s'exhale et se dissipe de manière que la flamme de la bougie perdant plus par cette dissipation, qu'elle n'acquiert par le nouveau feu qu'elle dégage, et dont alors la quantité devient graduellement moindre, sa masse doit diminuer de plus en plus, et enfin s'anéantir.

215. S'il est indispensable pour la continuité de la combustion d'un corps embrasé, qu'il s'établisse une colonne d'air

ascendante [210], afin que l'air que le feu dilate par sa force expansive, ne demeure pas auprès de ce feu, dont il favoriseroit alors l'extension; on voit clairement que si l'on hâte par un moyen quelconque, le départ de l'air qui est le plus proche du feu, de manière que le nouvel air que l'on y fait arriver rapidement et sans interruption, soit toujours dense, la combustion alors doit faire en peu de tems des progrès considérables. Il est aisé de sentir qu'on augmente par ce moyen, l'effet du courant d'air naturel qui s'est établi, et qu'on double l'obstacle que le feu dans un état d'expansion éprouve de la part de l'air environnant. En effet, quoique cet air qui est très-proche du feu, soit déplacé naturellement lui-même après sa dilatation, par de l'air plus dense, selon les loix de la pesanteur, cet air raréfié quitte et s'élève toujours avec une certaine lenteur qui nuit à la rapidité de la combustion : or, c'est cette lenteur qu'on corrige, en hâtant l'expulsion de cet air dilaté, et c'est ce qui arrive précisément lorsqu'on souffle le feu, et lorsqu'un vent violent souffle sur un édifice embrasé.

216. L'air qui environne le feu en ex-

pansion qui forme la flamme d'un corps
embrasé, ne pénètre point ce feu, mais au
contraire le contient dans son état en faisant, comme je l'ai déjà dit, obstacle à son
expansion, et en le forçant de rester appliqué contre le corps qu'il brûle. Ce qui
prouve cette assertion, c'est que si l'on
communique à l'air, un mouvement un peu
rapide dirigé vers ce feu, l'air qui arrive
contre la flamme, la pousse en son entier
au lieu de la traverser, la déplace même,
et l'éloigne tout-à-fait du corps embrasé,
si le mouvement de cet air est assez fort.
C'est précisément ce qui se passe lorsqu'on
souffle une bougie allumée. L'air qui sort
de la bouche avec impétuosité, arrive contre
la flamme de la bougie, ayant un mouvement fort rapide, emporte le feu en expansion qui forme cette flamme, et détruit par conséquent la combustion qui
existoit, en enlevant sa cause. Aussi dit-on
alors que la bougie est éteinte.

217. Les parties constituantes des matières composées n'ont pas dans tous les
corps, un égal degré d'adhérence ; c'est
ce qui rend certaines matières combustibles, plus faciles à s'embraser que d'autres. Une seule particule de feu en ex-

pansion, appliquée, par exemple, à un gros morceau de bois, ne produiroit pas l'embrasement de ce bois, quelle que soit la densité de l'air environnant; parce que la ténacité des fibres de ce morceau de bois et l'adhérence considérable de ses parties constituantes, exigent de la particule de feu dont il s'agit, un effort beaucoup plus violent qu'elle ne peut faire pour les rompre. C'est pourquoi l'on est obligé dans ce cas, d'appliquer au morceau de bois dont je parle, une certaine quantité de feu en expansion; tandis qu'une seule particule de ce feu suffit communément pour embraser un morceau d'amadou, des feuilles sèches, de la poudre à canon, &c.

Règles qui déterminent la cessation, ou la durée uniforme, ou l'augmentation d'un embrasement quelconque.

218. Pour que la combustion puisse avoir lieu et continuer, j'ai dit [210] qu'il falloit qu'il s'établisse un courant d'air, et par conséquent une colonne ascendante (1)

______

(1) *Remarque* tenant lieu d'objection. Qu'elle soit ascendante, horisontale ou descendante [par le moyen d'un soufflet], cela est indifférent.

d'air

d'air dilaté ; mais cet air n'a pu être dilaté que parce qu'il a été pénétré par une certaine quantité de feu en expansion : or, comme cet air monte dans un état de dilatation, il emporte donc avec lui le feu qui l'a raréfié ; d'où il résulte qu'il ne peut y avoir de colonne d'air ascendante, sans une dissipation continuelle de feu libre en expansion.

Réponse. Il seroit peut-être indifférent que le déplacement de l'air qui environne le feu expansif appliqué pendant une combustion, formât une colonne *horisontale* ou *descendante*, pourvu que ce déplacement d'air ait continuellement lieu, ce qui est essentiel dans toute combustion non instantanée. Mais le fait est que la colonne que forme l'air déplacé pendant toute combustion, est toujours ascendante essentiellement, et ne peut jamais d'elle-même prendre aucune autre direction.

Quel est donc l'objet d'une remarque qui, comme celle dont il est question, n'apprend rien, et semble chercher à affoiblir une observation importante, en supposant indifférente ou inutile, la détermination des effets que la nature produit dans certains cas indiqués ?

RÈGLE PREMIÈRE.

LA combustion diminue, ainsi que la masse de feu expansif qui la forme, si la quantité de feu qui se dégage, est moindre que celle du feu qui se dissipe.

219. Si la combustion ne peut subsister sans l'établissement d'une colonne d'air ascendante, et si cette colonne ne peut avoir lieu sans une dissipation continuelle de feu libre expansif; il s'ensuit que lorsque la quantité de feu qui se dissipe par la colonne d'air, est plus considérable que celle que le feu qui reste appliqué contre la matière combustible, peut dégager de cette même matière [205]; alors la combustion doit diminuer de plus en plus et enfin cesser. Cela arrive ainsi, parce que la quantité de feu, appliquée contre la matière combustible, se trouve à la fin épuisée par les pertes qu'elle fait du feu qui se dissipe dans l'air, sans être suffisamment réparée par le feu nouveau qu'elle dégage de la matière sur laquelle cette masse de feu en expansion agit. Cette règle nous donne la raison pourquoi la flamme

d'une bougie ne se conserve pas sous une
cloche de verre [214]; elle nous apprend
encore pourquoi un petit embrasement lan-
guit et s'éteint à côté d'un autre plus considérable; pourquoi enfin un gros morceau
de bois enflammé, que l'on ôte d'un grand
feu, et qu'on laisse à l'écart, s'éteint petit
à petit, sans achever de brûler, &c. Car,
dans ces trois cas, la quantité de feu qui
se dégage, est moins considérable que celle
qui se dissipe. Cela a ainsi lieu dans les
deux premiers cas, parce que le feu expansif qui forme l'embrasement, est environné par un air trop peu dense; et dans
le troisième, parce que ce feu en expansion trouve proportionnellement à sa quantité, trop de résistance dans la cohérence
des parties du morceau de bois auquel il
est appliqué.

RÈGLE DEUXIÈME.

*La combustion continue avec une masse
de feu expansif, toujours la même, si la
quantité de feu qui se dégage, est égale
à celle du feu qui se dissipe.*

220. Pour que la combustion puisse continuer jusqu'à la destruction complète du

corps combustible, il faut que la dissipation du feu en expansion qui se fait par
la colonne d'air ascendante, soit au moins
égale à la quantité de feu fixé qui se dégage de ce corps combustible; et lorsque
cette égalité se conserve dans de justes
proportions, il en résulte que la masse de
feu expansif qui est appliquée contre la matière dont il s'agit, se conserve la même,
sans augmentation ni diminution quelconque. C'est précisément ce qui arrive à la
flamme d'une bougie, ou d'une chandelle,
ou d'une lampe, soit à l'huile, soit à l'esprit-de-vin. La quantité de feu qui se dissipe par la colonne d'air ascendante, est
parfaitement la même que celle qui se dégage de la matière embrasée; ce qui est
cause que la quantité de feu en expansion, appliquée à la mèche de la bougie
ou de la lampe, est aussi toujours la même,
ses réparations étant égales à ses pertes.
Aussi la flamme de la bougie, &c. con-
serve-t-elle sa même grandeur pendant la
continuité de la combustion. Quant à la
cause de cette égalité, elle provient sans
doute de ce que la cire ou l'huile, &c. ne
peut s'enflammer que lorsqu'elle a acquis
un certain degré de chaleur. Or, comme

dans cette circonstance, ces matières ne
s'échauffent que successivement et dans
des portions de leur masse qui sont toujours égales; ces portions de matières combustibles fournissent par conséquent sans
cesse, de semblables quantités de feu qui
s'en dégage.

RÈGLE TROISIÈME.

*LA combustion continue avec une masse
de feu expansif qui va toujours en augmentant , si la quantité du feu qui se
dégage , est plus grande que celle du
feu qui se dissipe.*

221. Lorsque les parties constituantes
d'un corps combustible, auquel on applique du feu en expansion, ont assez peu
de ténacité et d'adhérence entre elles,
pour que le feu qu'on y applique, les brise
et les désunisse facilement [217]; alors la
quantité de feu libre qui se dissipe par la
colonne d'air ascendante, n'est pas aussi
considérable que celle du feu fixé qui se
dégage de la matière combustible : dans ce
cas, cette quantité de feu dégagé augmentant à mesure que la combustion continue,

la quantité de feu expansif appliquée augmente aussi, sa perte par la dissipation étant inférieure à sa réparation continuelle, qui augmente même progressivement. Aussi, dans cette circonstance, l'embrasement devient bientôt rapide, et en peu de tems très-considérable. Cette règle nous fournit l'explication d'un des plus étonnans phénomènes de la combustion, qui consiste dans le progrès singulier que fait l'embrasement dans certains cas. C'est ainsi, par exemple, qu'avec une très-petite masse de feu en expansion, telle que celle d'une allumette enflammée, on peut produire en un quart-d'heure un embrasement immense, si cette allumette brûlante est approchée de quelque partie très-combustible d'un édifice facile à embraser (1).

222. Un embrasement peut se faire et

----

(1) Ce fait assez connu, et qui s'explique très-naturellement par la théorie que je développe dans cet ouvrage, se trouve inexplicable et absolument incompréhensible dans les deux hypothèses suivantes, qui partagent à présent l'opinion des physiciens et des chymistes.

Dans l'une en effet, l'on prétend que la chaleur n'est qu'une modification dont les corps sont susceptibles, et qu'elle ne consiste que dans l'oscillation des petites

produire la destruction complète de la matière combustible qui l'éprouve, sans qu'il
y ait de colonne d'air ascendante, et sans
qu'il y ait par conséquent aucune dissipa-

---

molécules, qui, par l'aggrégation, composent le tissu de
tous les êtres.

Dans l'autre hypothèse, l'on assure que la chaleur
[qu'on regarde comme une matière particulière] existe
toujours en quantité égale ; qu'elle ne se perd point ;
qu'elle ne fait que paroître et disparoître, étant tantôt
dégagée et tantôt absorbée ; qu'enfin tous les corps en
ont une quantité quelconque qui leur est propre et qu'on
nomme *leur chaleur spécifique*.

Or, j'engage le lecteur à employer toute la sagá-
cité dont il est susceptible, pour expliquer convenablement, avec l'une ou l'autre de ces hypothèses, ou
avec toutes les deux à la fois, le fait que je cite dans le
paragraphe 221, ainsi que dans le suivant n°. 222. Tant
qu'on n'admettra point le dégagement d'une matière
qui, en devenant libre, se trouve dans un état violent
d'expansion, jamais on ne rendra raison, d'une manière satisfaisante, des faits que je viens de citer.

Quant à l'hypothèse de l'oscillation continuelle, soit
de la matière même du feu, selon les uns, soit des molécules des corps, selon d'autres ; oscillation regardée
comme cause de la chaleur ou de ses effets, j'y ré-
ponds en renvoyant à ce que j'ai dit à cet égard aux
n°s 129 et 130. J'ai pareillement dit ce que je pensois
de l'hypothèse de la chaleur spécifique des corps : on
peut le voir depuis le n°. 171 jusqu'au n°. 199.

L 4

tion de feu libre : mais il faut pour cela
que la durée de cet embrasement soit
presque nulle ; que la combustion dont il
s'agit soit, pour ainsi dire, aussi-tôt ache-
vée que commencée, et qu'en un mot tout
le feu fixé de la matière que l'on enflamme,
en soit dégagé dans le même instant. C'est
ce qui a tout-à-fait lieu dans l'embrasement
de la poudre à canon. En effet, cette matière contient considérablement de feu fixé
rassemblé dans une très-petite masse : mais
l'union de ses principes constituans, est
extrêmement légère, et n'attend que le
plus foible effort d'un agent extérieur sur
ses principes, pour se rompre dans l'instant[217]. Or, si l'on applique à cette matière
un peu de feu en expansion, et même une
seule particule de ce feu, cette poudre est
subitement détruite ; tout le feu qui y étoit
fixé s'en dégage presqu'à la fois ; et alors
la quantité de feu qui se trouve en expansion et rassemblé dans le même instant,
est prodigieuse ; parce que ce feu s'est
dégagé de la matière qui le contenoit, avec
une précipitation si grande, qu'il n'a pas
eu le tems d'essuyer la moindre perte par
la dissipation. Aussi ne doit-on pas s'éton-
ner dans ce cas, du violent effort que cette

masse de feu en expansion fait pour s'é-
tendre, et des effets terribles qu'elle produit en se dilatant.

223. Les phénomènes que présente l'eau
jettée sur un corps embrasé, prouvent encore, ce me semble, d'une manière même
convaincante, le fondement des principes
que je viens d'établir.

224. J'ai dit que l'eau dans son état
de fluidité, se chargeoit très-facilement du
feu condensé devenu libre [34], et qu'elle
favorisoit son expansion, beaucoup plus
que toutes les autres matières connues. Il
suit de ce principe, que si l'on jette de
l'eau sur un corps embrasé, cette eau dis-
sipera non-seulement l'obstacle que le feu
appliqué contre ce corps, éprouvoit de la
part de l'air qui résistoit à son expansion,
puisqu'elle fournira à ce feu un moyen de
s'étendre, mais même qu'elle l'enlevera et
l'éloignera lui-même du corps embrasé,
par les raisons que j'exposerai dans le
chapitre suivant. En effet, cette eau jettée
sur le feu libre d'un corps qui éprouve la
combustion, se charge de ce feu dans
l'instant, s'élève ensuite dans l'état de vapeur en l'emportant avec elle, et produit

par conséquent l'extinction du corps enflammé, en dépouillant ce corps de la masse
de feu en expansion qui lui étoit appliqué
et qui le détruisoit.

225. On sent bien que si la quantité d'eau
jettée sur le corps dont il s'agit, n'est
point suffisante pour enlever tout le feu
appliqué contre ce corps, l'embrasement
ne sera pas entièrement détruit. Cette
quantité d'eau inférieure à celle qu'il est
nécessaire de jetter pour faire cesser la
combustion, est un moyen souvent employé dans les arts pour concentrer le feu
et le retenir. C'est ainsi, par exemple, que
les maréchaux et les serruriers ont soin
de jetter de tems en tems un peu d'eau
sur le charbon embrasé de leur forge. Par
ce moyen ils éteignent les parties latérales
et même un peu le dessus de leur foyer
enflammé. Or, comme les parties nouvellement éteintes forment une espèce de
croûte qui concentre le feu libre, le retient dans un état de densité considérable, et ne laisse qu'un espace médiocre
pour le passage de l'air dilaté et de la
flamme; ces artistes profitent de la masse
de feu en expansion qu'ils empêchent ainsi

de se dissiper, et parviennent avec moins de frais à travailler les matières qu'ils emploient.

226. Si l'eau a ainsi la propriété de se charger du feu en expansion [34 et 224], on a lieu de croire qu'un air très-humide doit former une résistance bien médiocre à la dilatation du feu; parce que l'eau non combinée que cet air contient, reçoit ce feu qui tend à se dilater, s'en charge et l'emporte loin de la matière combustible, contre laquelle un air sec l'auroit tenu appliqué. Aussi voit-on que dans les tems de pluie, et en un mot que toutes les fois que l'air donne des preuves de son humidité par le renflement des corps poreux, la combustion se fait avec peine et avec beaucoup de lenteur.

227. Lorsque le bois que l'on se propose de brûler, est humide ou encore vert, l'eau qu'il contient, ou celle dont il est chargé, doit encore favoriser l'expansion du feu qu'on applique à ce bois, parce qu'à mesure que cette eau s'élève en vapeur, elle emporte avec elle [224] la plus grande partie du feu qu'on applique au bois dont il est question; d'où il résulte que la combustion doit être lente et fort difficile. Per-

sonne n'ignore combien l'expérience confirme ces principes ; ainsi je ne m'étendrai
pas davantage sur la recherche des preuves
qu'il falloit apporter pour les établir.

RÉSUMÉ DE CET ARTICLE.

228. Il suit de tout ce que je viens de
dire, premièrement, que la combustion est
une altération ou un changement dans la
nature des corps, opérée subitement par
l'action du feu en expansion qui leur est
appliqué, et qui en dégage une grande
partie du feu fixé qu'ils contiennent. Je
dis une grande partie du feu fixé, parce
que les résidus qui ont lieu après la plupart des combustions, sont des composés
qui se sont formés pendant ces combustions, et qui en conservent, et même s'en
approprient toujours une quantité plus ou
moins considérable, selon leur nature et
les circonstances. Cette définition, en général, comme on voit, s'étend depuis l'explosion de la poudre à canon, ou de la
poudre fulminante, qui est la combustion
la plus prompte, la plus facile, et celle
qui laisse le moins de résidu, jusqu'à la
calcination des métaux inclusivement, qui
est, comme l'a très-bien remarqué Mac-

quer, une véritable combustion ; mais aussi, qui est la plus lente et la plus difficile qu'on connoisse, et celle qui laisse les résidus les plus considérables.

229. Secondement, que cette opération ne peut se faire sans le concours de l'air, libre de former une colonne ascendante : non pas parce que l'air contient du feu qui s'élance sur le phlogistique des matières qui éprouvent la combustion, comme l'a avancé le docteur Crawford ; ni, ce qui est à-peu-près la même chose, parce que l'air contient du feu dans sa composition prétendue, et que dans cette circonstance le feu de l'air quitte sa base pour dissoudre la matière combustible, comme l'a pensé un autre savant, d'ailleurs d'un très-grand mérite : mais parce que l'air dont il s'agit, et qui est indestructible dans son essence, s'oppose fortement à l'expansion du feu appliqué contre la matière qu'il embrase, et l'empêche de s'étendre, ou au moins retarde tellement sa dilatation, que l'effort expansif que ce feu est obligé de faire pour se raréfier, déploie nécessairement une partie de sa violence sur la matière combustible qu'il pénètre. Or, ce feu en expansion agissant comme un coin

ou comme un ressort entre les parties de la matière combustible, les écarte, altère leur combinaison et par conséquent leur nature, par les dégagemens de principes qu'il occasionne, et en dégage en effet, soit une partie, soit la totalité du feu fixé qu'il contenoit.

230. Troisièmement, que l'air fait un obstacle d'autant plus considérable à l'expansion du feu, et par conséquent favorise d'autant plus la combustion, qu'il est plus dense et qu'il contient moins d'eau.

231. Cette résistance singulière que l'air fait à l'expansion du feu, a été à la vérité sentie et même indiquée par la plupart des physiciens et des chymistes qui ont traité cette matière; mais il me paroît qu'ils n'en ont pas développé tous les résultats et les effets, comme je viens d'essayer de le faire : ce qui étoit cependant indispensable, afin de dissiper l'incertitude que certains phénomènes faisoient naître, leur cause n'ayant point été véritablement saisie (1).

---

(1) *Objection.* Le sentiment de l'auteur sur la combustion et sur l'effet de l'air dans cette opération, est en effet celui de presque tous les chymistes du dernier

232. Quant aux combustions qui sont possibles dans les vaisseaux clos, on sent

---

siècle; mais il paroît que les meilleurs physiciens et chymistes modernes ont des idées toutes différentes.

Réponse. Cela peut être, et j'ai eu l'attention de dire, en général, ce que j'en ai su. Mais certainement aucun d'eux ne l'a présenté ni développé de la même manière, et n'en a fait connoître les particularités essentielles, comme je crois l'avoir fait.

Au reste, ceci est superflu; car il importe beaucoup moins, pour l'avantage des sciences, de savoir quel est l'auteur d'un sentiment développé, et de savoir si ce sentiment est ancien ou nouveau, que de connoître positivement s'il mérite, ou non, une préférence décidée sur les autres opinions qui en diffèrent. Voilà, ce me semble, ce qu'il est important d'examiner : toute autre considération est futile, au moins avant celle-ci.

Les meilleurs physiciens et chymistes modernes assurent à présent, que *dans toute combustion, c'est l'air vital qui se brûle.* Cet air vital, qui lui-même, disent-ils, est une partie de l'air atmosphérique [celui-ci, selon eux, étant composé d'environ trois parties de gaz azot et d'une partie d'air vital], se décompose en deux parties pendant la combustion. L'une se fixe dans le résidu qui suit cette opération; ils la nomment *oxigène;* et l'autre, qu'ils appellent *calorique,* se dégage en chaleur et lumière.

Il est certain que pendant la plupart des combustions, il y a une matière dégagée qui produit les effets

qu'il n'y a que celles qui peuvent s'opérer dans un seul instant, qui sont dans ce
cas, ou encore que celles qui n'exigent
qu'une durée extrêmement courte. Cela ne
pouvoit être autrement, puisque toute combustion ne pouvant subsister sans l'existence d'une colonne d'air ascendante, libre de se conserver, les combustions qui
n'exigent point de durée, ou qui n'ont besoin que de quelques instans très-courts,

---

de la chaleur et souvent de la lumière: Or, cette matière productrice des effets de la chaleur, est, selon
moi, dégagée des corps combustibles qui, tous, sont
les dépouilles des êtres vivans, en qui par l'action vitale, le feu s'est fixé et a fait partie de leur substance;
au lieu que dans l'hypothèse des meilleurs physiciens
et chymistes modernes, cette matière productrice des
effets de la chaleur, est dégagée de l'air atmosphérique.

Que de questions à faire aux savans auteurs de cette
nouvelle hypothèse! Dans quel état, par exemple, la
matière productrice de la chaleur se trouve-t-elle dans
l'air dont elle fait partie constituante? S'y trouve-t-
elle condensée, et dans ce cas, par quelle cause? Si
elle n'y est pas condensée, comment produit-elle, en
se dégageant, les effets de la chaleur? Enfin la chaleur
qui se produit dans les effervescences, lorsqu'on jette
de l'eau sur de la chaux, &c. se dégage-t-elle de l'air
atmosphérique? &c. &c.

ne

ne sont point soumises à cette loi [222]. Ainsi, on conçoit que le nitre peut détonner dans des vaisseaux clos, &c. tandis que le soufre, le charbon, &c. n'y peuvent point brûler.

233. Quantité d'expériences connues, prouvent qu'un gaz (1) se combine pendant la combustion avec les résidus des corps qui ont subi le changement de nature que la combustion occasionne. Or, comme Sthal n'a point parlé de ces faits importans, que sans doute il connoissoit fort peu, on en a conclu que la théorie du feu fixé, comme principe constituant de la plupart des corps, étoit fausse. J'avoue que je ne trouve aucune évidence dans ce raisonnement, et que je ne vois pas pourquoi la combinaison bien prouvée d'un gaz avec les résidus des substances qui ont subi la combustion, devroit entraîner l'impossibilité de l'existence du feu fixé dans les corps combustibles et autres.

____

(1) L'air, a-t-on d'abord dit; ensuite l'air vital, qui n'est, dit-on, qu'une partie de l'air; ensuite seulement l'oxigène, qui n'est lui-même qu'une partie de l'air vital.

Tome I.   M

234. On est parti, pour raisonner ainsi, d'une erreur qui s'est glissée dans l'ancienne définition de la combustion, erreur qui consistoit à établir que *la combustion d'un corps n'est que le dégagement de son phlogistique* [son feu fixé]. Cette définition est véritablement fausse ; car dans leur combustion, beaucoup de corps ne perdent qu'une partie de leur feu fixé, et quelques autres, comme les métaux, au lieu d'en perdre [à moins que ce ne soit très-peu], acquièrent, même en sus de leurs principes constitutifs, une quantité plus ou moins considérable, d'un gaz qui s'est formé pendant que le feu en expansion leur étoit appliqué. Mais au lieu de rectifier cette erreur, on a cru faire la plus belle chose du monde en rejettant toutes les notions acquises, créant et multipliant de nouveaux principes, changeant les noms des objets connus, et formant une théorie nouvelle qui, quoique déjà très-compliquée, est bien peu générale, puisqu'elle échoue, dès qu'il s'agit de rendre raison de la cause des effets de la chaleur de celle de la couleur des corps, de cell de la saveur et de l'odeur de ceux qui on ces qualités, &c. &c.

ARTICLE IV.

Des causes de l'élévation de l'eau dans l'état de vapeurs, et de celles qui vaporisent certaines matières composées.

235. Il n'y a rien de léger dans la nature, dit Jean Rey : en effet, la pesanteur étant une suite de l'attraction, qui est une des qualités générales de la matière [10], aucun corps ne peut être léger. Cela étant ainsi, la qualité de volatils que l'on donne à certains corps qu'on observe s'élever dans l'air, dans certaines circonstances, ne dépend point d'une faculté qui soit propre à ces corps, mais n'est réellement qu'un effet dont nous nous proposons dans cet article, de rechercher les véritables causes, et sur-tout d'examiner la manière dont elles agissent.

236. Si en effet aucun corps ne peut être léger [235], aucune matière n'a en elle-même la faculté de s'élever, c'est-à-dire, ne peut s'écarter du centre de la terre par une qualité qui lui soit propre : or, il suit de-là que lorsqu'une matière quelconque s'élève et monte dans l'air,

elle ne le fait décidément que par l'action d'une cause assez puissante qui l'y contraint. Jusqu'à présent on n'a cherché cette cause que parmi les suppositions suivantes.

237. On a imaginé, par exemple, que la matière qui s'élève dans l'air, ne le fait d'abord que parce qu'elle a reçu un choc ou une impulsion immédiate qui lui communique un mouvement en haut. D'autres ont pensé que la matière en question étant dilatée par l'action du feu, au point d'occuper un espace tel qu'un pareil volume d'air ait plus de pesanteur qu'elle, se trouve par-là contrainte de s'élever. Enfin très-récemment un savant des plus distingués a prétendu, d'après des expériences très-intéressantes, que les fluides qui conservoient la liquidité, ne devoient cet état qu'à tel degré de compression de l'atmosphère qui les contenoit dans une condensation propre à les constituer liquides ; mais que lorsque cette compression étoit diminuée par une cause quelconque, ces fluides se dilatoient et se réduisoient en vapeurs aériformes ; effet qu'on pouvoit pareillement obtenir, lorsqu'on parvenoit à vaincre cette compression, au moyen d'une

dilatation suffisante, produite par la chaleur.

Nous allons examiner le fondement de ces diverses opinions ; nous ferons remarquer que la dernière dont M. de Lavoisier est l'auteur, est la seule qui soit exacte et fondée, mais seulement sous une certaine considération. En effet, s'il est vrai que bien des substances ne sont contenues dans l'état de liquide que par la compression de l'atmosphère qui les force de conserver une condensation qu'elles perdroient si cette compression n'avoit lieu; cela n'est ainsi que parce qu'il y a continuellement dans la nature du feu en expansion [*voyez* l'article V], qui raréfie et volatilise ces mêmes substances, dès qu'on diminue artificiellement la pression qui les contient dans l'état liquide. On sent assez, par tout ce que j'ai dit, que le feu en expansion est une matière continuellement répulsive, qui combat dans tous les corps les forces de l'attraction. Au reste, la cause qu'on vient d'énoncer, n'a lieu que pour certaines matières composées, et non pour toutes les matières en général, et sur-tout nullement pour l'évaporation de l'eau. Mais voyons d'abord le fondement de ces opinions : nous exposerons ensuite le sentiment qu'il nous paroît plus à propos d'établir.

Les matières qu'on nomme volatiles, ne s'élèvent point dans l'air par l'effet d'un choc ou d'une impulsion quelconque, qui leur communique un mouvement d'ascension réel.

238. Lorsqu'un vase, dit l'abbé Nollet, contient de l'eau plus chaude que l'air qui l'environne, le feu qui s'en exhale emporte avec lui les parties de la surface qui se trouvent exposées à son *choc;* ces petites masses ainsi détachées, s'élèvent ou s'étendent tant par l'impulsion qu'elles ont reçue, que par la succion de l'air qui fait l'office d'éponge.

239. Il me semble qu'on peut dire que le feu s'exhalant dans l'air, entraîne avec lui les parties de la surface de l'eau qu'il parvient à détacher par sa force expansive : mais prétendre qu'il communique à ces parties d'eau, un choc qui produit en elles une force capable de les faire monter à une grande hauteur, comme on l'observe, c'est ce qui n'est nullement prouvé, et ce qui ne paroît pas même possible.

La fumée d'un édifice embrasé, d'un volcan, &c. s'élève, comme on sait, à une hauteur prodigieuse, avec une certaine lenteur et une sorte d'uniformité de mouvement qui s'établissent après la diminution d'une première vîtesse, et qui se conservent long-tems, d'une manière, pour ainsi dire, paisible, et par conséquent avec un mouvement d'ascension très-différent de celui de tout corps lancé perpendiculairement dans l'air par une force quelconque: d'ailleurs cette fumée va continuellement en augmentant de volume, ce qui prouve le mouvement expansif de la masse de matière qui l'emporte.

240. Quant à la succion de l'air, dont parle l'abbé Nollet, si par-là ce savant veut exprimer une porosité de l'air, qui fasse les fonctions de tubes capillaires; pourquoi ces tubes n'agissent-ils que dans cette circonstance, et ensuite comment permettent-ils à l'eau et à beaucoup d'autres matières, de s'élever à une hauteur énorme, comme celle qu'on observe souvent à la fumée des cheminées ou des incendies considérables? Enfin, si l'abbé Nollet entend par succion de l'air, la propriété qu'a cet élément de s'unir à l'eau et d'en

acquérir de nouvelles quantités; je répondrai que cette absorbtion d'eau n'a lieu que dans certaines circonstances, comme celles dans lesquelles le point de saturation de l'air s'élève; au lieu que l'eau et un grand nombre de matières différentes, peuvent être réduites en vapeurs dans tous les tems quelconques.

241. Il résulte de ce que je viens de dire, que l'eau ne s'élève point dans l'air par l'effet d'un choc; et que si le feu en s'exhalant de l'eau dans l'air, peut entraîner et détacher les parties de sa surface, il faut, outre cela, déterminer la cause qui continue de soutenir et l'eau et les autres matières qui s'élèvent dans les fumées épaisses des incendies, &c.

Les matières qu'on voit monter dans l'air, dans l'état de vapeurs, ne s'y élèvent point toutes par l'effet d'une dilatation capable de les rendre moins pesantes que l'air lui-même. L'eau ne peut être dans ce cas, ni aucun des composés dans lesquels le principe terreux est un peu abondant.

242. Il est nécessaire que je m'arrête plus particulièrement à cette proposition,

afin de pouvoir faire connoître les raisons sur lesquelles elle est fondée, et parce qu'elle combat une opinion presque généralement reçue.

243. On a dit que le feu dilatoit tous les corps, et on a conclu que la raréfaction qu'il leur communiquoit, pouvoit être assez considérable pour diminuer leur pesanteur, relativement à leur volume, au point de les faire monter dans l'air.

244. Il est certain que le feu en expansion dilate tous les composés qu'il pénètre, ainsi que les masses de toutes sortes de matières, par son interposition entre leurs molécules dont il altère ou détruit l'aggrégation ; mais il ne produit pas toujours cet effet sur les molécules intégrantes de toutes les matières simples , ce qu'il est bien essentiel de remarquer. Le feu , par exemple , peut dilater l'air , même celui qui est dans le plus grand état de pureté ; mais rien ne constate qu'il puisse dilater les molécules intégrantes de la terre ou de l'eau pure. J'ajoute ensuite que le feu en expansion, quelque dense qu'il soit, ne peut dilater tous les composés , au point de les rendre moins pesans que leur volume d'air ; et qu'il n'occasionne un effet

semblable, que sur certaines substances qui, dans leur combinaison, ne contiennent que très-peu de terre et d'eau, mais ont une quantité considérable de principes élastiques. Tels sont l'esprit-de-vin, les éthers, les esprits recteurs, l'alkali volatil caustique, quelques acides très-concentrés, et les gaz.

245. D'abord j'établis comme principe, que le feu en expansion pénétrant les composés, peut par l'effort qu'il fait pour s'étendre, former un écartement plus ou moins considérable entre les parties aggrégatives de ces corps, sans produire leur décomposition; mais qu'il ne peut causer aucun écartement réel entre leurs molécules constituantes, sans donner lieu à des dégagemens de principes élastiques fixés, et par conséquent sans détruire le composé qu'elles formoient, et sans opérer une véritable combustion.

246. L'effet du feu en expansion, qui agit sur les corps solides, est d'abord de pénétrer entre les parties aggrégatives de ces corps, d'écarter ensuite légèrement ces parties aggrégées, ce qui s'opère par une simple diminution dans le nombre des points de contact. Cet écartement agran-

dit les pores de ces solides, c'est-à-dire, les interstices qui se trouvent entre leurs molécules aggrégées, étend par conséquent la masse de ces corps, et produit ce qu'on nomme *leur dilatation*. Mais cette extension ou dilatation est toujours très-bornée tant que l'aggrégation n'est pas détruite, et qu'il reste des points de contact entre les molécules. Cependant, si le feu en expansion continue d'agir sur ces mêmes corps, et qu'il le fasse avec une énergie croissante; alors au lieu d'augmenter en eux de plus en plus la dilatation qu'il a d'abord opérée, il rompt l'aggrégation de leurs molécules, détruit tous leurs points de contact, et les mettant dans le cas de rouler librement les unes sur les autres, il produit ce qu'on appelle *la fusion* de ces corps, si les principes constituans de leurs molécules aggrégatives résistent à ce degré de feu, et conservent leur union.

Cette union des principes constituans d'un composé résulte nécessairement des points de contact qui existent entre ses principes combinés: or, la nullité absolue de ces points de contact ne peut s'opérer sans donner lieu à la destruction du composé ou à son changement de nature, puisqu'elle peut et même doit occasionner des dégagemens de principes élastiques qui faisoient partie constituante de ce composé.

Les molécules aggrégatives des composés solides étant séparées les unes des autres [comme dans l'état de fusion ou de liquidité], et continuant à être soumises à l'action augmentée du feu en expansion, ou s'élèvent dans l'air, par l'effet d'une cause dont je vais faire mention tout-à-l'heure, ou éprouvent alors chacune un écartement dans leurs principes constitutifs, qui sur le champ les décompose; c'est ce qui constitue leur *combustion* ou leur calcination qui en est une véritable. Mais le feu ne communique à aucun corps composé solide, sans détruire sa nature, qu'une dilatation très-bornée, et qui n'approche pas, à beaucoup près, de celle qu'il faudroit que ce corps puisse acquérir, pour être moins pesant que l'air.

247. L'effet du feu en expansion qui agit sur les composés fluides dans lesquels le principe terreux abonde jusqu'à un certain point, comme les huiles grasses, &c. est d'abord de s'amasser entre leurs molécules aggrégatives, d'augmenter un peu

leur volume et leur fluidité, et de se rassembler en une quantité d'autant plus grande dans ces matières, que leur fluidité est plus fortement altérée par l'espèce d'aglutination de leurs molécules aggrégatives; ce qui fait que ces matières peuvent acquérir une plus grande chaleur que l'eau seule. Or, ce feu en expansion que contiennent les fluides les plus chauds non enflammés, ne dilate la masse de ces fluides, que parce qu'en s'insinuant entre leurs molécules aggrégatives, il tient ces molécules séparées et un peu écartées les unes des autres; mais il ne dilate que très-peu leur propre substance, et n'écarte point leurs élémens constitutifs les uns des autres; car il opéreroit la décomposition de ces fluides, s'il produisoit cet effet, et donneroit lieu à leur inflammation et à leur combustion.

249. Pour qu'une particule de mercure puisse monter dans l'air par l'effet de sa raréfaction, il faudroit que cette particule puisse acquérir dans sa dilatation un volume onze mille neuf cents fois plus grand que son volume naturel; quantité qui exprime à-peu-près la différence de pesanteur qui existe entre le mercure et l'air.

Or, comment supposer que le feu puisse procurer un écartemsnt si considérable, entre les principes constituans d'une particule de mercure, sans détruire la combinaison de ces principes?

250. Il resteroit encore un moyen pour étayer le systême de la dilatation des matières en vapeurs: il faudroit dire que l'action du feu en expansion raréfie les molécules intégrantes elles-mêmes des premiers principes des corps; ce qui fait que ces corps peuvent être très-dilatés sans qu'il y ait aucun écartement entre leurs principes combinés. Mais, outre que cette supposition n'est fondée sur aucun fait, elle perd toute sa valeur, lorsqu'on fait attention qu'elle répugne aux qualités essentielles de deux des principes des corps qui, comme la terre et l'eau, ont leurs molécules incompressibles ; et qu'elle ne peut avoir lieu que par rapport à des composés qui ne contiennent presque point de terre, et peu d'eau dans leur combinaison. En effet, dans le cas contraire, la dilatation des principes élastiques s'opérant par l'action du feu, tandis que les molécules des principes solides restent dans le même état; les premiers parviendroient

alors nécessairement à se soustraire aux
liens de la combinaison.

251. Si l'on considère , par exemple,
l'effet que peut produire le feu en expansion sur les matières simples , on sent
qu'il peut pénétrer entre les molécules intégrantes de ces matières, et les écarter
les unes des autres; on sent encore qu'il
peut raréfier celles qui, par leur nature ,
sont compressibles et élastiques, comme
le sont celles de l'air et celles du feu
même; mais il est clair que les matières
simples dont les molécules intégrantes sont
solides et incompressibles , ne peuvent
éprouver en aucune manière une dilatation qui répugne à leur nature. Aussi n'a-
t-on pu prouver jusqu'à présent qu'une
molécule de terre pure, ou qu'une molécule d'eau dans le même état, ait été réellement dilatée.

252. On a, à la vérité, attribué jusqu'ici
à de l'eau dilatée, l'espace qu'occupe le
feu en expansion, lorsqu'il forme un vuide
d'air dans les vaisseaux qu'il pénètre; et
c'est en faisant une méprise semblable, que
l'abbé Nollet a cru pouvoir non-seulement
démontrer la dilatation de l'eau, mais même
déterminer la quantité de cette dilatation.

Or, pour prouver qu'une goutte d'eau réduite en vapeurs, prend un volume quatorze mille fois plus grand que celui qu'elle
avoit, il propose l'expérience suivante :

« Il faut, dit ce célèbre physicien, faire
» choix d'une boule creuse de verre fort
» mince, garnie d'un tube, à-peu-près
» comme les verres des thermomètres or-
» dinaires; y faire entrer une goutte d'eau
» dont le volume, par estimation, soit à
» celui de la boule, à-peu-près dans le
» rapport d'un à quatorze mille. Il faut en-
» suite chauffer fortement la boule en la
» tournant au-dessus d'un réchaud ardent,
» pour réduire la goutte en vapeurs, et
» tremper promptement le bout du tube
» dans un verre plein d'eau, que l'on aura
» purgée d'air. Quelques instans après
» cette immersion, l'eau monte précipitam-
» ment, et remplit presque entièrement la
» boule ».

L'abbé Nollet pense que la goutte d'eau
dilatée, occupant alors toute la capacité
de la boule de verre, dans l'expérience
dont il s'agit, en a chassé l'air qu'elle contenoit. Il est certain que le vuide d'air
dans la boule est démontré par l'eau du
vase qui monte dans cette boule, lorsqu'on
plonge

plonge son tube dans cette eau. Mais l'abbé Nollet n'a nullement prouvé, ce me semble, que ce vuide d'air soit occasionné par de l'eau dans la boule : je suis très-persuadé au contraire, que cette boule ne contenoit pas une seule parcelle d'eau, après avoir été chauffée, et qu'elle étoit alors uniquement remplie de feu en expansion, qui, ayant pénétré et traversé le verre de la boule pendant qu'on la chauffoit, en avoit fait sortir presque tout l'air et l'eau qu'elle contenoit avant d'être exposée à l'action de ce feu. Ce qui prouve le fondement de ce que je viens de dire, c'est que si l'on répète la même expérience, sans mettre d'eau dans la boule, le vuide d'air se fera malgré cela de la même manière, et on aura le même résultat. C'est cependant d'après une pareille expérience qu'on est parti pour assurer la dilatation de l'eau ; expérience qu'on a depuis citée et copiée dans presque tous les livres qui ont traité de ce sujet, et dont l'explication admise par-tout, se trouve être une erreur manifeste.

253. Je crois maintenant pouvoir conclure, d'après tout ce que je viens de dire,

[depuis 243 jusqu'à 253] : 1°. que le feu en expansion ne dilate les matières composées solides, que dans un degré très-borné; que son action plus long-tems continuée, produit ensuite leur solution, c'est-à-dire, la désunion de leurs parties aggrégatives; et qu'enfin elle détruit la combinaison de leurs principes constituans, si elle continue avec une violence suffisante pour produire cet effet : 2°. que le feu en expansion ne dilate les composés fluides dans lesquels le principe terreux est un peu abondant, qu'en s'insinuant et s'amassant entre leurs parties aggrégatives; mais qu'il produit leur combustion, lorsqu'il pénètre entre leurs principes constituans, parce qu'alors il altère la modification de ceux de ces principes qui, par l'effet de leur combinaison, sont nécessairement modifiés, ce qui favorise leur dégagement : 3°. que les molécules intégrantes de la terre et de l'eau, sont inaltérables et solides dans leur essence; et que par conséquent le feu ne peut nullement les raréfier : d'où il suit enfin que l'eau ne s'élève point dans l'air, par l'effet d'aucune dilatation de ses molécules; et qu'un grand nombre de matières composées dans lesquelles le principe terreux abonde, n'y montent point non plus par un semblable effet.

Les composés qui ne contiennent presque point de terre et peu d'eau dans leur combinaison, sont les seules matières qui soient susceptibles d'éprouver de la part du feu en expansion, une dilatation capable de les réduire sous la forme d'air, sans les décomposer.

254. Tout ce que je viens de dire [253] de l'effet du feu en expansion sur les substances qui ont abondamment de terre parmi leurs élémens constitutifs, n'a pas lieu pour les composés fluides qui, contenant beaucoup de principes élastiques dans leur combinaison, n'ont qu'une quantité extrêmement petite de l'élément terreux, et peu d'eau combinée. Car l'expérience fait voir que ces fluides sont susceptibles d'éprouver par l'action du feu en expansion, une dilatation qui les vaporise et les réduit sous forme d'air, sans cependant toujours détruire leur substance. Tels sont l'esprit-de-vin bien rectifié, l'éther vitriolique, l'alkali volatil caustique, les acides marins et nitreux très-concentrés, &c.

255. La quantité de feu en expansion qu'il y a continuellement dans toutes les parties de notre globe, comme nous le ferons voir dans l'article suivant, est suffisante pour tenir tous ces fluides dans l'état aériforme, c'est-à-dire, dans l'état de gaz : mais la pression continuelle de l'air atmosphérique les condense malgré l'effort perpétuel de ce feu en expansion qui constitue la température régnante, et force ces fluides de demeurer dans l'état de liquidité. Une pression de l'atmosphère beaucoup plus grande que celle qui a lieu en tout tems, réduiroit aussi sans doute, comme l'observe très-bien M. Lavoisier, les gaz eux-mêmes dans l'état de liqueur.

256. Or, si l'on diminue la pression de l'atmosphère sur ceux de ces fluides qui sont communément dans l'état de liquidité, on parvient alors à les réduire en vapeurs aériformes ou gaseuses; parce que le feu en expansion qui se trouve dans leur masse les dilate suffisamment pour les mettre dans cet état, sans rencontrer d'obstacle. Si, au lieu de diminuer la pression de l'atmosphère, on augmente la quantité de feu en expansion que contiennent les fluides dont il s'agit, en leur communiquant encore

plus de chaleur ; alors la somme de feu en expansion qui est dans leur masse, devient suffisante pour vaincre l'effet de la pression de l'air atmosphérique, et pour vaporiser ces liquides. Trente-deux à trente-trois degrés de chaleur, mesurés avec un thermomètre au mercure dont le terme de l'eau bouillante est à quatre-vingt-cinq, suffisent pour réduire en substance aériforme, l'éther vitriolique ; et il faut soixante-onze à soixante-douze degrés de chaleur pour réussir à mettre l'esprit-de-vin dans un état semblable. Les expériences qui constatent ce que je viens d'exposer, ont été faites par M. Lavoisier, et sont rapportées dans un mémoire qu'il a lu à l'académie des sciences, en novembre 1780, et qui a pour titre : *de quelques fluides qu'on peut obtenir dans l'état aériforme à un dégré de chaleur peu supérieur à la température moyenne de la terre.*

Mais quoique la quantité de feu en expansion dont en tout tems notre globe est rempli, fasse effort continuellement, par sa faculté répulsive, pour dilater tous les corps, et soit capable de réduire dans l'état aériforme, ceux des fluides composés qui abondent en principes élastiques, lorsque la pression de l'atmosphère ne leur fait plus d'obstacles; il n'en est pas moins très-vrai que l'eau ne monte point dans l'air par l'effet de la dilatation de ses molécules, comme cela arrive aux matières composées dont je viens de faire mention; et je vais tâcher de faire voir que la cause qui la réduit en vapeur, est d'une nature très-différente.

L'eau qui s'élève en vapeur dans l'air par l'effet de la chaleur, a alors ses molécules intégrantes isolées et environnées chacune par une atmosphère de feu en expansion, qui augmente l'espace qu'elles occupent dans l'air, et les force de monter.

257. Pour exposer dans tout son jour le fondement de cette proposition, je vais citer une expérience électrique connue; et je ferai voir que dans le phénomène qu'elle nous présente, ainsi que dans beaucoup d'autres, l'analogie de la matière électrique avec celle du feu, se retrouve d'une manière frappante, comme l'ont pensé plusieurs physiciens, et ce qu'a particulière-

ment fait connoître Franklin dans ses savans écrits.

258. Si l'on attache deux petites boules
de liège, d'égale grosseur, aux deux extrémités d'un fil de soie bien sec, et que
l'on suspende ce fil par le milieu, de manière que les deux boules qui pendent à
ses extrémités puissent se toucher; on sait
qu'en électrisant ces boules ainsi suspen-
dues, on les voit s'écarter l'une de l'autre,
et conserver leur distance pendant un tems
d'autant plus considérable, que l'air qui les
environne est moins humide.

259. On ne peut pas douter que dans
le cas dont il s'agit, la matière électrique
que le frottement a amassée, et qui se trouve
en expansion (1), ne pouvant traverser

---

(1) Il n'y a pas de doute pour moi, que la matière
électrique n'ait un état particulier, que je nomme *son
état naturel*, et dans lequel cette matière n'est nullement modifiée par les causes qui la modifient ordinai-
rement. Dans cet état, la matière dont il s'agit, pénètre, à cause de son extrême ténuité, tous les corps de
la nature, et se répand sans doute uniformément par-
tout. Elle paroît constituer un fluide fort analogue à
celui du feu, si toutefois ce n'est pas la même matière, mais observée dans des circonstances qui lui
donnent des qualités et des propriétés particulières.

N 4

l'air qui n'en est pas conducteur, ou, en
d'autres termes, qui résiste à son extension; et ne pouvant s'échapper par le fil
de soie qui refuse aussi de la recevoir, est
obligée de se fixer sur les boules dont il
est question, et de rester amassée autour
d'elles. Cette matière en conséquence forme
autour de chaque boule de liège, une atmosphère dans laquelle il ne se trouve au-

---

Au reste, cette matière électrique me paroît avoir
la propriété [ainsi que celle du feu], de pouvoir être
amassée, foulée et refoulée sur elle-même par le frottement; et par cette cause, condensée au point de se
trouver dans un véritable état d'expansion, d'avoir
alors une faculté répulsive, et d'être contenue quelque
tems dans cet état, par l'air environnant.

Le frottement qui l'a amassée sur certains corps, où
l'air environnant l'isole, en a alors dépouillé l'un des
corps frottans, d'une quantité quelconque dont il est
alors privé; et comme les autres corps en ont alors
plus que lui, le partage qui se fait nécessairement de
la matière électrique entre les corps qui en ont plus
et ceux qui en ont moins, donne à ces derniers une
qualité attractive, jusqu'à ce que l'équilibre de la matière électrique dans tous les corps soit entièrement
rétabli. La suite des développemens nécessaires pour
l'application de cette théorie aux faits connus, ne faisant point ici mon objet, il me suffit, quant à présent,
de faire l'exposition du principe que j'établis.

Marechal. Del.

Borinet. Sculp.

cune particule d'air; et comme l'air environnant presse également de toutes parts
cette matière électrique, on sent que l'atmosphère de chaque boule doit alors avoir
nécessairement une forme ronde ou sphérique, si elle est libre de s'élever dans l'air,
et former en quelque sorte une sphère
conique, si elle environne un corps qui,
par sa masse trop considérable, ne peut
monter dans l'air.

Il est vrai que si les deux boules dont
il s'agit, pouvoient continuer de se toucher
après avoir été électrisées, leurs atmosphères électriques seroient confondues en une
atmosphère commune qui ne pourroit pas
avoir une forme tout-à-fait ronde. Cette
atmosphère seroit alors presque ovale et auroit dans sa partie moyenne un retrécisse-
ment, ou une espèce d'étranglement particulier [*voyez* pl. 1. fig. A] : mais cela
ne peut pas être, parce que l'air environnant presse de tous côtés dans ce retré-
cissement, et force les boules de s'écarter
et de se partager la matière électrique qui
est amassée autour d'elles; et alors il se
forme deux atmosphères distinctes. [*Voyez*
pl. 1. fig. B.]

260. Ce que je viens de dire au sujet

de la matière électrique, peut se rapporter parfaitement à la matière du feu ; car il paroît que ces deux matières ont une bien grande analogie entre elles; mais l'une est vraisemblablement dans un état particulier de modification qui lui donne des facultés qu'on ne remarque point à l'autre. Au reste, l'identité de ces matières semble se confirmer tous les jours par un grand nombre de propriétés qui leur sont communes. Une des plus remarquables, par exemple, est celle qu'a fait connoître Franklin, lorsqu'il prouve que les corps qui conduisent parfaitement bien la matière électrique, sont aussi de fort bons conducteurs de la matière du feu; ce qu'en d'autres termes j'exprime, en disant, sont très-propres à favoriser l'expansion du feu. *Voyez le paragraphe n°. 196.*

261. Maintenant si l'on examine ce qui arrive à un vase rempli d'eau et exposé sur du feu en expansion, on s'appercevra aisément que ce feu qui cherche à s'étendre, trouvant une résistance considérable dans l'air qui l'environne [49 et 207], pénètre alors le vase qui est exposé à son action, le traverse et passe bientôt dans l'eau qu'il contient; parce que cette eau

offre à sa dilatation une liberté beaucoup plus grande que tous les autres corps [34]; ce que Franklin exprimeroit en disant qu'elle conduit très-facilement la matière du feu.

262. Si l'on continue d'entretenir du feu en expansion sous le vase que je viens de citer, ce feu continuera de même d'affluer en grande partie vers le vase, de le traverser et de s'étendre dans l'eau dont il est rempli. Or, comme le feu qui est passé dans l'eau du vase ne peut en sortir, parce qu'il seroit alors forcé de traverser l'air qui refuse de le recevoir; ce feu s'amasse dans l'eau et s'y étend en raison de l'espace que la quantité de cette eau lui fournit.

263. A mesure que le feu en expansion passe ainsi dans l'eau et s'y amasse, cette eau devient par degré plus chaude, c'est-à-dire, plus chargée de feu en expansion, et sur-tout d'un feu d'autant moins dilaté, que l'eau qui le contient en a reçu davantage. Or, il résulte de la continuité de cette augmentation de feu, qu'à la fin il doit se trouver un point où le feu amassé dans l'eau y soit dans un état de densité si considérable, que l'effort que ce feu fait

continuellement pour s'étendre, soit alors suffisant pour vaincre, 1°. l'attraction des molécules de cette eau; 2°. l'effet de leur propre pesanteur; 3°. enfin la pression de l'atmosphère; et pour les forcer par conséquent de s'écarter les unes des autres.

264. Les molécules d'eau qui sont dans le cas d'éprouver les premières l'écartement dont je viens de parler, sont celles qui forment la superficie de la masse d'eau du vase; car celles du fond sont contenues non-seulement par les mêmes causes qui tiennent celles de la superficie réunies à la masse commune, mais elles le sont en outre par le poids des colonnes d'eau qu'elles supportent, ce qui les met dans un cas différent des premières.

265. Aussi-tôt que des molécules de la superficie de l'eau du vase en sont séparées par le feu qui les écarte, une partie de ce feu qui, ne pouvant plus être contenu dans l'eau, fait effort pour en sortir, s'échappe avec les particules d'eau détachées, et les environne de toutes parts; parce que l'air qui le comprime et lui résiste de tous les côtés, l'oblige de rester appliqué contre ces molécules et de former autour de chacune d'elles [*voy.* pl. 1, fig. C],

une atmosphère semblable à celle que la matière électrique formoit autour des boules de liège dont j'ai parlé [259].

266. Cette atmosphère de feu expansif se forme et se conserve d'autant plus aisément, que l'air qui l'environne et qui la cause, est plus condensé et plus froid; car dans cet état l'air résiste très-fortement à l'expansion du feu, et présente un obstacle considérable à la dissipation des atmosphères que ce feu est contraint de former autour des molécules d'eau qu'il enlève.

267. Enfin ces atmosphères dont les molécules d'eau séparées les unes des autres, sont environnées, étendent, comme on voit, l'espace que chacune de ces molécules d'eau tiennent dans l'air. Or, quoiqu'une molécule d'eau isolée soit dans toutes les circonstances possibles, plus pesante que l'air qu'elle déplace, il est certain que si l'on augmente l'espace qu'elle tient dans l'air, sans augmenter sensiblement ou proportionnellement sa pesanteur, elle deviendra moins pesante. C'est précisément ce qui arrive aux molécules d'eau dans le cas dont il est question: en effet, l'atmosphère de feu qui environne chacune d'elles, aug-

mente considérablement l'espace qu'elles tiennent dans l'air, sans presque rien ajouter à leur pesanteur; car quoique dans le fond chaque atmosphère de feu ait une pesanteur réelle, cette pesanteur est si petite en comparaison de celle de l'air, vu l'extrême différence qu'il y a entre ce fluide et le feu, qu'elle devient presque nulle, ou au moins incapable d'empêcher l'effet dont il s'agit.

268. Ce qui prouve que les molécules d'eau qui s'élèvent dans l'air, ne le font qu'à la faveur du feu en expansion dont elles sont entourées chacune; c'est que si elles viennent à rencontrer un corps capable de les dépouiller de leur feu, elles retombent aussi-tôt après l'avoir perdu.

269. Qu'arrive-t-il en effet à l'eau que l'on distille dans un alambic ordinaire? Cette eau contenue dans la cucurbite de l'alambic, s'échauffe par degré, comme celle du vase dont j'ai parlé plus haut [261 et 262]. Bientôt le feu qui s'amasse dans cette eau cesse de pouvoir y rester; et en un mot, les efforts que ce feu fait pour s'étendre, suffisent à la fin pour rompre la cohésion des molécules de la superficie de l'eau, pour les soulever et pour les faire monter

dans l'air en les enveloppant dans une atmosphère qu'il forme à chacune d'elles,
comme j'ai dit précédemment [265]. Ainsi
l'eau s'élève dans cet alambic en molécules séparées les unes des autres, et qu'on
désigne alors sous le nom de *vapeurs*. Mais
lorsque ces molécules viennent à rencontrer
le chapiteau de l'alambic qui est froid, c'est-
à-dire, dépourvu jusqu'à un certain point
de feu en expansion; alors elles communiquent à ce chapiteau le feu qui les entoure, et n'en conservent que la quantité
qu'il leur faut pour être à la température
du chapiteau même. Or, tant qu'on a soin
d'entretenir le chapiteau froid, en employant
un moyen dont je vais faire mention, les
molécules d'eau en vapeur perdent sans
cesse en rencontrant ce chapiteau, leur
atmosphère de feu qu'elles sont obligées
de lui communiquer, et dans l'instant cessent de pouvoir être soutenues dans l'air (1).

---

(1) *Objection*. Le refroidissement du chapiteau n'est
nullement nécessaire pour la distillation; au contraire,
il la fait cesser quand il est trop considérable, et s'il est
très - chaud et sans réfrigérant, la distillation n'en va
que mieux, *non à la vérité en gouttes*, mais en vapeurs
qui enfilent le bec du chapiteau.

270. La chaleur qu'acquiert le chapiteau de l'alambic, à mesure que la distillation continue, prouve clairement qu'il dépouille les molécules d'eau en vapeur, du feu qui les entouroit; et comme ce chapiteau, en s'échauffant, devient moins propre à enlever aux molécules d'eau, le feu dont elles sont munies, parce que la disproportion de son feu au leur diminue alors en proportion de la quantité de feu qu'il

---

Réponse. En supposant que le refroidissement du chapiteau d'un alambic ne soit point nécessaire ni même utile pour la distillation, et que pour cet objet on puisse préférer de laisser passer par le bec du chapiteau les matières dans leur état même de vapeurs; il n'en est pas moins évident que ce qui arrive aux vapeurs qui, en s'élevant dans l'alambic, viennent à rencontrer un chapiteau froid, prouve entièrement ce que j'ai avancé dans le paragraphe 269, et fait voir que si, comme je le pense, les molécules de l'eau que l'on distille ne s'élèvent qu'à la faveur des atmosphères de feu expansif dont chacune d'elles se trouve alors environnée, elles ne peuvent rencontrer un corps froid [sur-tout s'il est métallique], sans perdre leur atmosphère ignée, et sans être privées dans l'instant même de la faculté de s'élever davantage. Voilà ce qui est bien certain, ce qui est conforme à l'expérience, et ce que j'ai pu citer avec raison, comme une des preuves du sentiment que j'expose dans cet ouvrage.

reçoit

reçoit lui-même sans cesse; dans ce cas, si l'on veut continuer ce qu'on appelle *la con-densation des vapeurs* (car il y a des chymistes qui ne trouvent aucun avantage à cette condensation, et qui dans la distillation préfèrent de faire passer les matières dans l'état de vapeur par le bec du chapiteau), on est obligé alors de refroidir continuellement ce chapiteau, et de lui enlever le feu qu'il a reçu des molécules d'eau en vapeurs. Pour y parvenir, on se sert d'un réservoir qu'on nomme *réfrigérant*, et que l'on forme sur le chapiteau même. On remplit ce réservoir d'eau froide, parce que l'usage a fait connoître que l'eau dans cet état s'empare très-facilement de l'excès de feu que le chapiteau a sur elle. Enfin, à mesure que l'eau du réservoir dépouille le chapiteau de l'abondance de son feu, elle s'échauffe elle-même, et bientôt on est obligé de la vuider et de la remplacer par de plus froide.

271. Rien encore ne prouve d'une manière plus convaincante le sentiment que j'expose, que le fait suivant qui est connu de tous les physiciens. Lorsqu'on laisse éteindre une bougie allumée, sous une cloche de verre, on remarque dans l'ins-

Tome I. O

tant où la flamme disparoît, un petit jet de fumée qui s'élève perpendiculairement jusqu'à la voûte de la cloche. Cette fumée est composée, pour la plus grande partie, d'une infinité de molécules d'eau toutes séparées entre elles, et qui s'élèvent parce qu'elles sont entourées chacune d'une atmosphère de feu, qui provient du reste du feu en expansion qui étoit appliqué contre la mèche de la bougie. Or, lorsque la fumée dont je parle a touché la voûte de la cloche de verre, elle lui a communiqué le feu ou une partie du feu dont elle étoit munie; et dans le moment même on la voit retomber. Cette fumée ne s'abaisse point, parce qu'elle est entraînée en bas par un courant quelconque; mais elle tombe réellement par l'effet d'une véritable pesanteur; aussi ne se relève-t-elle point. On ne peut pas dire non plus qu'elle a perdu sa dilatation en touchant la voûte de la cloche; car outre les preuves que j'ai données de l'impossibilité de cette dilatation [252 et 253], le jet que cette fumée formoit en montant, étoit dans un état de rapprochement particulier qu'il n'a plus lorsqu'il retombe: au contraire, il s'étend alors, et se divise en plusieurs filets ondoyans qui vont déposer l'eau qui les forme, les uns contre les parois de la cloche, les autres sur la mèche de la bougie, et les autres enfin sur le support même.

272. Les phénomènes de la combustion que j'ai cités, viennent encore à l'appui de tout ce que je viens de dire. En effet, de l'eau jettée sur un corps embrasé se charge sur le champ du feu en expansion qui est appliqué contre ce corps [224]: les molécules de l'eau dont je parle, sont bientôt séparées les unes des autres par une abondance de feu qui aussi-tôt les environne. Bientôt enfin elles acquièrent chacune une atmosphère qui les oblige de s'élever dans l'air; et alors emportant avec elles le feu expansif, qui, par son action, détruisoit les parties constituantes du corps embrasé, elles doivent, si leur quantité est suffisante, faire cesser la combustion. C'est ce qui arrive en effet, et ce qu'on appelle *éteindre le feu.* Il est digne de remarque que lorsqu'on vient d'éteindre par ce moyen, le feu d'une cheminée dans laquelle pendant toute une journée on y en a entretenu une quantité un peu considérable; dans l'instant même où l'on a jetté l'eau

nécessaire pour opérer cette extinction, on éprouve une cessation subite de toute chaleur; tandis qu'un moment auparavant on en ressentoit une très-grande à l'approche de l'embrasement qui subsistoit. On s'apperçoit facilement alors que toute la matière qui causoit la chaleur dont il est question, est partie avec l'eau qui s'est élevée dans l'état de vapeur, après être tombée sur les matières qui éprouvoient la combustion. Aussi ces molécules d'eau qui emportent le feu qui étoit appliqué sur les matières combustibles, ont-elles alors une chaleur qui dans le premier instant peut brûler la main de celui qui éteint le feu, si elles la rencontrent avant que leurs atmosphères aient eu le tems de se dilater un peu.

273. Si l'on jette de l'eau sur du feu en expansion dont la densité soit très-grande, et qui a par conséquent alors une force expansive très-considérable [69]; la promptitude étonnante avec laquelle ce feu passe dans l'eau qui le touche, en écarte subitement les molécules les unes des autres, et s'élance avec elles de tous côtés dans l'air; forme un phénomène violent et même, jusqu'à un certain point, dangereux

pour les spectateurs. Car dans cette circonstance, cette matière expansive s'échappe dans l'air si rapidement, qu'elle produit une sorte de pétillement ou de craquement assez fort, qui est dû aux vuides et aux déplacemens d'air, qu'elle occasionne successivement en traversant ce fluide avec une extrême vîtesse. Or, c'est ce qui arrive en jettant de l'eau sur une grosse barre de fer rougie au feu jusqu'à l'incandescence.

274. Mais d'après ce que j'ai dit [266], on conçoit que si l'air n'environnoit point immédiatement le corps en incandescence, ou s'il ne se trouvoit auprès de ce corps que dans un état de raréfaction extrême, les atmosphères de feu ne pourroient se former autour des molécules d'eau qu'avec lenteur et difficulté; et l'explosion de l'eau versée sur un corps incandescent qui se trouveroit dans ce cas, seroit tout-à-fait nulle. Ce que j'avance est confirmé par l'observation de M. Deslandes, qui, en présence de M. de la Rochefoucault, M. Monet, et plusieurs autres physiciens, a jetté de l'eau dans un creuset contenant du verre en fusion, et l'a vue se dissiper avec lenteur et sans explosion remarquable. « L'eau,

» dit-il, en tombant sur le corps qui étoit
» en fusion depuis plus de douze heures,
» rouloit sur sa surface comme feroit un
» métal fondu, ne jettoit aucune fumée ap-
» parente, et disparut peu à peu, sans le
» moindre éclat ni la plus légère détonna-
» tion. Elle mit trois minutes à disparoître.
(*Journal de physique, janvier 1778.*)

275. Pour appuyer tout ce que je viens
de dire, il me reste à rendre compte de
quelques expériences que j'ai faites, et qui,
je crois, acheveront de lever toute espèce
d'incertitude sur le fondement du sentiment que je viens d'exposer [depuis 257
jusqu'à 275]. J'ai dit [266], que les atmosphères de feu en expansion qui sont
autour des molécules d'eau en vapeur, se
formoient et se conservoient d'autant plus
facilement, que l'air qui les environnoit,
étoit plus condensé et plus froid. La raison
en est facile à saisir, vu que les phénomènes de la combustion prouvent que plus
l'air est dense, plus il isole le feu en expansion qui est appliqué sur les corps, en
faisant obstacle à sa dissipation. Or, il suit
de-là que plus l'air est froid, plus il réussit à former et à conserver les atmosphères
de feu en expansion, et plus aisément en

conséquence l'eau s'élève en vapeur. C'est
en effet ce que l'expérience confirme évidemment, comme j'en vais donner des preuves convaincantes.

276. L'été, la température de ma chambre étant à vingt degrés (d'un thermomètre à mercure dont le terme de l'eau bouillante est à quatre-vingt-cinq), et le baromètre à vingt-huit pouces, j'ai exposé de
l'eau dans un vaisseau très-évasé, sur un
fourneau contenant un feu médiocre, afin
d'échauffer l'eau avec lenteur. En mettant
mon vaisseau sur le feu, j'ai plongé dans
l'eau qu'il contenoit, deux thermomètres
à mercure, divisés comme je viens de le
dire, et vérifiés avec soin. La température
de cette eau fit aussi-tôt descendre le
mercure de mes deux instrumens au sei-
zième degré. J'ai ensuite suspendu hori-
sontalement à quatre pouces au-dessus de
la surface de l'eau, une glace bien nette
et frottée par-tout avec des linges très-
secs. A mesure que l'eau s'échauffoit, elle
acquéroit un léger mouvement qui se faisoit remarquer à sa surface; et l'on voyoit
de tems en tems de petites bulles d'air en
sortir et se réunir à l'air commun. Ces
bulles d'air formoient chacune, en arrivant

à la superficie de l'eau, une petite vessi-cule, qui, en se crevant, faisoit jaillir de très-petites gouttes d'eau que l'on voyoit retomber distinctement.

La chaleur de l'eau ayant fait monter mes thermomètres, l'un à trente et l'autre un peu au-delà, j'apperçus alors une pe-tite vapeur s'élever, et qui se rendit aussi-tôt sensible par une légère impression sur la glace qu'elle ternit; et dès cet ins-tant, l'eau continua de fournir des vapeurs qui devinrent d'autant plus fréquentes que l'eau s'échauffoit davantage.

Je recommençai sur le champ la même expérience avec de nouvelle eau, mais sans faire usage de la glace; et dans l'instant même où mes thermomètres furent à trente degrés, la première vapeur se fit apper-cevoir. Enfin, après un certain nombre de répétitions, je fus convaincu que la glace étoit inutile; qu'avec un peu d'attention on appercevoit toujours très-bien l'instant où la première vapeur s'élevoit; et que l'air qui reposoit au-dessus de l'eau étant à vingt degrés, c'étoit constamment au trentième degré de chaleur que l'eau commençoit à fournir des vapeurs.

277. Je fis ensuite les mêmes expérien-

ces dans un tems où l'air de mon appartement étoit à quinze degrés et le baromètre à vingt-huit pouces; et je vis alors l'eau fournir sa première vapeur au vingt-cinquième degré de chaleur de l'eau que je faisois chauffer. Après avoir répété plusieurs fois cette expérience, en m'assurant que les circonstances fussent les mêmes, je fus certain que l'instant où la première vapeur se formoit, ne varioit point et se trouvoit toujours à un terme fixe, mais relatif à la température de l'air.

Je recommençai après cela l'expérience dont il est question, dans un tems où l'air du lieu où j'opérois, étoit à dix degrés et le baromètre à vingt-huit pouces; et j'observai exactement la première vapeur se former au vingtième degré de chaleur et même un peu avant.

Je refis encore la même expérience, et dans un tems où l'air qui étoit au-dessus de l'eau que je faisois chauffer, se trouvoit à la température de la glace, et le baromètre à vingt-huit pouces; et je vis alors la première vapeur s'élever à neuf degrés et demi, et quelquefois à dix degrés de chaleur de mon eau, mais jamais après dix degrés.

Enfin je répétai la même expérience dans un tems où l'air qui étoit au-dessus de mon eau, se trouvoit à trois degrés au-dessous du terme de la congélation, le baromètre à vingt-huit pouces deux lignes; et je vis alors la première vapeur se former avant que l'eau ait sept degrés de chaleur.

278. Voilà des faits dont je me suis assuré, et dont on pourra facilement se convaincre, en refaisant les expériences. Je recommande seulement de faire attention à ce que la colonne d'air ascendante du feu que l'on emploie pour chauffer l'eau, ne puisse point échauffer l'air qui domine cette eau : il faut tâcher de l'écarter. Il faut aussi avoir égard aux différences d'un air chargé de beaucoup d'humidité, d'avec un air très-sec. J'ai toujours opéré dans un tems où l'air me paroissoit assez sec.

279. Maintenant s'il étoit vrai que l'eau qui s'élève en vapeur, le fît par l'effet de la dilatation de ses molécules, comment se pourroit-il faire que la dilatation de l'eau fût plus facile dans un tems froid que dans un tems chaud ? Quoi ! vingt-neuf degrés de chaleur sont insuffisans pour dilater l'eau, lorsque la température de

l'air est à vingt degrés; tandis que six ou sept degrés seulement peuvent la dilater, lorsque l'air est très-froid! Non, je ne vois dans cette prétendue dilatation, qu'une hypothèse destituée de tout fondement sensible. Je ne pense pas non plus qu'il soit vrai de dire que la pression de l'atmosphère retarde nullement ou rende plus difficile la formation des vapeurs de l'eau, comme elle empêche de se vaporiser certains composés dont j'ai fait mention [254 et 255]: les expériences que je viens de rapporter en sont des preuves incontestables. Au lieu qu'il est très-évident que plus l'air est froid, plus il résiste à l'expansion du feu, plus il isole ce feu sur les corps qui en sont chargés; et plus, en un mot, il réussit à former les atmosphères ignées qui entourent chaque molécule d'eau en vapeur.

280. Aussi l'hiver, la moindre chaleur qui se développe dans les fumiers par l'effet de leur décomposition, en fait élever l'eau en vapeur, et on les voit fumer abondamment. Lorsque l'air atmosphérique est très-froid, on apperçoit les portes des caves fumer aussi-tôt qu'on les ouvre; la respiration des animaux lorsqu'il fait froid, se

fait remarquer par une vapeur très-appa-
rente, sur-tout dans l'homme et les principaux quadrupèdes : enfin les chymistes
se sont apperçu que l'air accéléroit la formation des vapeurs. En effet, M. Macquer
faisant l'énumération des propriétés de l'air
pur, cite pour la cinquième : « La faculté
» que l'air a de faciliter considérablement
» l'évaporation des matières volatiles que
» le feu sublime. C'est un fait très-prouvé
» en chymie, continue ce savant, que le
» concours de l'air accélère beaucoup les
» évaporations et les distillations quelcon-
» ques. On voit, par exemple, qu'en diri-
» geant le vent d'un soufllet à la surface
» de quelque corps volatil, qu'on fait éva-
» porer sur le feu, tels que l'eau, l'anti-
» moine, le mercure, &c. la fumée ou les
» vapeurs de ces corps augmentent d'une
» manière très-sensible. Il est certain aussi
» qu'on abrège beaucoup la distillation d'une
» liqueur quelconque, de l'eau, par exem-
» ple, en dirigeant à sa surface, dans l'in-
» térieur de l'alambic, le vent d'un venti-
» lateur, ainsi que l'a proposé un Anglois ».
(*Diction. de chymie, tome I, page 81.*)

281. Or, en rapprochant toutes ces observations, il est aisé de s'appercevoir que

plus l'air est froid et dense, plus il fait d'obstacle à l'expansion du feu [76 et 207]; plus alors il favorise la combustion [211 et 215], et plus il est propre à la formation et à la conservation des atmosphères ignées, qui sont appliquées autour des molécules des matières que le feu sublime sans les dilater : comme en effet cela arrive aux molécules intégrantes de l'eau, et peut-être aux molécules aggrégatives des demi-métaux, du mercure, du soufre, du camphre, &c. comme encore cela a lieu pour toutes les matières pesantes qui s'élèvent dans les fumées épaisses des incendies, des fours à chaux, &c.

282. La matière expansive qui environne les molécules d'eau en vapeur, a fait croire aux physiciens que les phénomènes étonnans qui dépendent de cette force prodigieuse d'expansibilité qu'on observe à cette matière, lorsqu'elle est dans un grand état de condensation, devoient être attribués à l'eau elle-même, qu'ils ont supposée alors fort dilatée et douée d'une élasticité considérable. Mais ils n'ont prouvé par aucun fait, la dilatation des molécules intégrantes de l'eau; dilatation que je crois avoir démontrée impossible, puisqu'elle répugne à

la nature de ce fluide qui est incompressible [28], et par conséquent irrécescible [31] (1); dilatation qui, si elle pouvoit exister, ne donneroit à l'eau aucune force d'élasticité ou d'expansibilité qui lui soit propre; puisque cette eau alors éloignée de son état naturel, n'auroit en elle-même d'autre tendance que celle de s'en rapprocher. Il est donc facile de s'appercevoir que la matière qui par son expansibilité [66 et 69], donne lieu aux phénomènes de la poudre à canon [222], et à ceux de la poudre et de l'or fulminant; que celle qui

---

(1) *Objection.* Il est bien prouvé, au contraire, par les expériences modernes, que l'eau peut être réduite en état de fluide élastique aériforme ou de gaz.

Réponse. Je ne connois de ces expériences que celles de Lavoisier et de Laplace, qui nous apprennent que lorsqu'on diminue la pression de l'atmosphère sur l'eau ou sur les fluides composés qu'on nomme *volatils*, alors le feu en expansion, qui est en tout tems très-abondant dans la nature (voyez l'article V), suffit pour détruire la réunion des molécules de ces fluides, les écarter les unes des autres, les isoler et leur faire perdre leur état de masse. Or, cela n'altère point leur nature, et n'est point contraire à ce que je dis (paragr. 282.) Je le répète, les molécules de l'eau dans ce cas ne sont qu'isolées ou séparées et distantes les unes des autres, mais ne sont point dilatées.

forme le vuide d'air dans la boule de verre
citée dans l'expérience de l'abbé Nollet
[252]; que celle enfin qui fait jaillir avec
explosion l'eau versée sur les métaux incandescens [273], sur des métaux en fusion, sur des huiles bouillantes, &c. est
aussi parfaitement la même que celle qui
donne lieu aux phénomènes de l'éolipile,
de la pompe à feu, &c. &c. et que dans
tous ces cas, c'est toujours du feu libre,
mais extrêmement condensé, qui, par les
efforts violens qu'il fait pour se dilater, et
par sa force singulièrement répulsive, occasionne tous les phénomènes dont il s'agit.

283. Au reste, beaucoup de composés
dans lesquels le principe terreux abonde,
paroissent aussi pouvoir s'élever dans l'air
par la même cause, c'est-à-dire, ont alors
leurs molécules essentielles environnées par
des atmosphères de feu en expansion qui
suffisent pour les soulever, et même pour
les faire monter dans l'air. En effet, les
fumées épaisses des incendies, des volcans,
des fours à chaux qui entraînent, par la
colonne d'air ascendante et au moyen des
atmosphères de feu expansif qui se forment autour de chaque parcelle de matière, paroissent appuyer ma présomption.

L'extrême mobilité et la presque volatilité de la poussière, pendant les chaleurs de l'été, me semble pareillement due aux atmosphères de feu en expansion qui se forment subitement autour de chaque molécule de poussière, dès qu'on les soulève ou qu'on les déplace; mais ces atmosphères se dissipent bientôt, et ces matières qui ne peuvent s'élever qu'à une hauteur médiocre, retombent sur la terre, où la même cause qui s'y trouve plus énergique, les fait élever de nouveau à la moindre impulsion.

RÉSUMÉ DE CET ARTICLE.

284. Il suit, je crois, de tout ce que je viens d'exposer dans cet article, premièrement, que l'eau et certains composés qui contiennent peu de principes élastiques (sur-tout peu d'air), dans leur combinaison, et que cependant on voit s'élever dans l'air sous l'état de vapeurs par l'action du feu, n'y montent que parce que leurs molécules intégrantes ou leurs particules essentielles sont entourées chacune par une atmosphère de feu en expansion, qui augmente l'espace que ces substances occupent

pent dans l'air. Aussi, lorsque ces matières sont dépouillées, par une cause quelconque, du feu qui les environne, elles retombent alors par l'effet de leur propre pesanteur, qui est toujours plus grande que celle de l'air même qui les avoit déplacés.

285. Secondement, que le feu en expansion agissant sur les matières composées qui abondent en principes élastiques, et qui ne .contiennent que très-peu de terre dans leur combinaison, peut dilater les molécules essentielles de ces matières, au point de les réduire dans un état de gaz ou aériforme, comme cela peut avoir lieu à l'égard de l'esprit-de-vin, des éthers, des esprits recteurs, de quelques acides très-concentrés, &c. mais il ne peut produire un semblable effet sur les molécules essentielles des matières composées dans lesquelles le principe terreux est un peu abondant.

286. Troisièmement, que les matières composées qui s'élèvent dans l'air, sous l'état de vapeurs, n'ont que leurs molécules aggrégatives désunies ou séparées les unes des autres, mais point leurs principes constituans. Et si parmi ces matières il y

en a dont la pesanteur très-grande surpasse celle de la terre pure (comme le
mercure, &c.), c'est sans doute à une
sorte de cohérence du feu libre avec le
feu fixé, que contiennent très-abondam-
ment ces mêmes matières, qu'il faut attribuer la formation des atmosphères de
feu expansif qui causent leur ascension en
vapeurs ; parce que cette sorte de cohérence fait que leurs particules aggrégatives amassent et retiennent la quantité de
feu expansif suffisante pour les enlever.

Obs. Il est bien essentiel de ne pas confondre la cause qui fait élever l'eau dans
l'état de vapeurs, et dont je viens de parler, avec celle qui fait monter dans l'atmosphère l'eau qui sert à la formation des
nuages ; car celle-ci est fort différente de
la première. Aussi je me flatte de faire
voir dans la sixième partie de cet ouvrage,
que l'immense quantité d'eau qui forme les
nuages dont l'atmosphère est si souvent
obscurcie, ne s'y est pas élevée uniquement
par l'action du feu expansif qui existe continuellement dans toutes les parties de notre
globe.

ARTICLE V.

IL y a continuellement dans toutes les parties du globe que nous habitons, une quantité de feu en expansion qui constitue sa chaleur commune.

287. Si tout le feu libre qui existe dans la nature, pouvoit se trouver un instant entièrement dans son état naturel, qui est celui de sa rarité essentielle [61], l'air recouvreroit aussi-tôt sa densité primitive; l'eau peut-être perdroit son état de fluidité [29]; la vie des êtres organiques cesseroit sans doute sur le champ [289]; la destruction de la plupart des composés s'opéreroit alors sans composition nouvelle; et bientôt par la continuité de cette cause, la face de notre globe seroit totalement changée. Mais cela ne peut arriver, parce qu'il y a continuellement dans toutes les parties du globe que nous habitons, une certaine quantité de feu dans un état d'expansion effectif, faisant sans cesse effort pour se remettre dans son état naturel, y rentrant sans doute à mesure qu'il peut vaincre les obstacles qui s'op-

posent à son extension, mais se trouvant perpétuellement renouvelé par l'une des causes dont nous allons faire mention, et qui est continuellement active.

En effet, on ne connoît point ce qu'on peut appeller *le froid absolu*, qui n'est autre chose que la privation complète de la chaleur. Le plus grand froid qu'on ait observé·et même qu'on puisse observer, n'est qu'une quantité de chaleur beaucoup moindre que la chaleur commune, mais ce n'est point une privation complète de chaleur; ce ne le peut pas être, et par conséquent le plus grand froid observé n'est pas le *froid absolu* dont je viens de faire mention : il en est vraisemblablement encore bien éloigné; et tant que la cause que je vais indiquer subsistera, il n'est pas possible que ce *froid absolu* ait lieu dans aucune des parties de notre globe.

289. Aussi, de l'existence continuelle d'une certaine quantité de chaleur (c'est-à-dire, de feu en expansion qui la cause) dans toutes les parties de notre globe, il résulte d'abord dans les êtres organiques vivans, la faculté de conserver leur principe vital pendant le terme prescrit à leur durée ; parce que ce feu expansif aide aux

mouvemens de leurs organes, et même est nécessaire à son entretien : il résulte ensuite dans toute la nature une activité particulière qui la conserve dans l'état où elle est actuellement.

290. Les causes qui produisent le feu en expansion dont il s'agit, sont au nombre de quatre, dont trois sont instantanées, particulières, et n'en forment que la moindre quantité de ce qui existe; au lieu que la quatrième, qui est générale et continuellement active, donne lieu à l'existence d'une quantité considérable de feu dans cet état, et le renouvelle sans cesse à mesure qu'il recouvre sa raréfaction primitive.

291. Les trois causes instantanées et particulières qui produisent du feu dans un état d'expansion, peuvent être considérées sous deux points de vue différens; car elles agissent de deux manières tout-à-fait distinguées l'une de l'autre. En effet, deux de ces causes ne produisent du feu en expansion, qu'en dégageant celui qui est condensé et fixé dans les corps, comme principe constituant [143]; ce sont la combustion et la fermentation, en comprenant les effervescences dans cette dernière. La

troisième cause au contraire, agit sur le feu qui est dans son état naturel [67 et 129], le condense et le laisse en expansion, lorsqu'elle cesse d'agir. C'est le frottement des corps solides entre eux.

Première cause instantanée du feu en expansion, produit dans la nature.

292. La combustion est une des causes instantanées qui produisent du feu en expansion. C'est une altération ou décomposition violente des corps, par le moyen de laquelle le feu se dégage de ces corps dans lesquels il étoit fixé. Cette décomposition s'opère par le feu lui-même, qui détruit, lorsqu'il est libre et en expansion, l'union des principes constituans des corps contre lesquels il se trouve appliqué [208].

293. Cette cause, heureusement, n'est employée par la nature qu'avec modération et que rarement; car sa violence menaceroit tous les êtres, d'un danger prochain, et détruiroit bientôt tous les composés qui existent, si elle ne rencontroit dans ses progrès, des bornes insurmontables. En effet, ces bornes résultent d'une part, des différentes proportions du feu fixé

qui est dans les corps; et de l'autre, des divers degrés d'adhérence [217] de leurs principes constituans.

294. Il faut rapporter à la cause dont il s'agit, le feu en expansion qui se produit dans les *irruptions volcaniques*; celui qui naît de l'inflammation des vapeurs peu distantes de la terre, qu'on nomme *feux folets*, et de celle des vapeurs fort élevées, qui forment les *globes de feu* qu'on observe quelquefois dans l'atmosphère, et aussi ce que le peuple nomme *étoiles filantes*, ou qui changent de place. Enfin il se trouve une petite quantité de feu en expansion produit par les matières combustibles que l'homme brûle pour ses usages.

Seconde cause instantanée du feu en expansion produit dans la nature.

295. La fermentation est encore une des causes instantanées qui produisent du feu en expansion dans la nature. C'est une décomposition lente et naturelle des matières composées, dont les particules aggrégatives ne sont point unies en masse parfaitement solide. Au moyen de cette décomposition, les principes constitutifs de

ces matières se désunissant entièrement ou en partie, le feu qui y étoit fixé se dégage, devient libre, et se trouve dans un état d'expansion, parce qu'il étoit condensé dans ces matières [144 et 145], et non dans son état naturel. Aussi la fermentation est-elle toujours accompagnée d'un degré de chaleur qui se rend plus ou moins sensible, selon la nature de la matière qui fermente, selon la promptitude de sa décomposition, et selon la quantité de feu qui s'en dégage.

296. La décomposition dont il s'agit, éprouve communément dans ses progrès, deux ou trois termes de suspension, qui en ont fait distinguer de plusieurs sortes; et comme pendant cette décomposition, il y a nécessairement dégagement et dissipation de quelques portions des principes constituans de la matière qui la subit; dans chaque terme de suspension, la matière résultante se trouve alors d'une autre nature, et différente de ce qu'elle étoit auparavant; parce que les proportions de ses principes constituans et l'intimité d'union de ces mêmes principes, sont absolument changés dans ces différens cas.

La chaleur animale.

297. C'est mal à propos, ce me semble, que la plupart des physiciens et des physiologistes ont attribué la chaleur animale au frottement réciproque des fluides entre eux, et contre les parois des vaisseaux qui les contiennent. Je ne crois pas qu'il y ait un seul fait connu, qui prouve que quelqu'agitation violente qu'on communique à toute matière fluide quelconque, on soit parvenu à produire le moindre degré de chaleur, qui ne soit pas l'effet de la décomposition de cette matière (1).

---

(1) *Objection.* Il n'y a pas de décomposition de l'huile de vitriol mêlée avec de l'eau.

Plus les animaux se donnent de mouvement, plus leur chaleur animale augmente.

Réponse. Je ne conviens point du tout du premier fait ici avancé; et à cet égard j'en appelle à l'expérience, qui constate (comme je l'ai dit dans ma note, page 72), qu'en mêlant de l'eau avec de l'huile de vitriol, une partie de cette huile de vitriol (peu considérable à la vérité) se décompose et donne lieu à la chaleur produite; puisqu'on ne retrouve plus la même quantité de cet acide vitriolique, si après son mélange avec l'eau, on le concentre de nouveau au même degré.

298. Il est ensuite très-facile de s'appercevoir qu'aucune matière composée n'éprouve jamais le plus petit changement dans l'état de combinaison de ses principes, sans laisser échapper une portion de ceux de ces mêmes principes, qui, lors-

---

Quant à l'augmentation de chaleur que les animaux acquièrent à mesure qu'ils se donnent plus de mouvement, elle est due entièrement ou en très-grande partie au dégagement plus considérable qui se fait alors du feu fixé (du *carbone* des chymistes modernes) de leurs humeurs.

Il n'est personne qui ne sache que dans les animaux le mouvement hâte les fonctions vitales, les secrétions, et par conséquent les changemens des humeurs. Or, ce sont ces changemens qui constituent les compositions et les décompositions continuelles pendant lesquelles une partie du feu fixé des humeurs qui subissent ces altérations, se dégage et produit la chaleur connue sous le nom de *chaleur animale*. (*Voyez dans la quatrième partie les preuves et les développemens de ces principes*). Il est donc clair que plus les changemens des humeurs s'opéreront avec promptitude, plus la quantité de feu dégagé sera considérable, et plus par conséquent la chaleur animale augmentera. On sait que les animaux qui font beaucoup de mouvement, dissipent plus et font une plus grande déperdition de substance que ceux qui sont dans un cas contraire : aussi les premiers ont-ils besoin d'employer à leur réparation plus de nourriture que les autres.

qu'ils sont libres, tendent à reprendre leur élasticité naturelle dont ils sont dépourvus dans leur état fixé.

299. Aussi je crois pouvoir établir comme un principe très-fondé, que jamais il ne se fait de composition nouvelle entre des matières déjà composées qui s'unissent pour former un tout homogène, sans qu'il y ait dans l'instant de la combinaison, un dégagement réel d'une portion des principes qui échappent à l'action de la cause composante, à la faveur du trouble qui s'excite nécessairement dans toute combinaison de composés qui s'unissent.

300. J'ajoute maintenant, que malgré l'effet du mouvement vital, ou peut-être par le résultat de ce mouvement même, le principal des fluides de l'animal vivant n'a jamais ses principes constituans, deux instans de suite, parfaitement combinés ensemble; que ce fluide précieux, qui est *le sang*, perd continuellement par l'état de décomposition dans lequel il ne peut cesser d'être, une portion de ses principes, et en même tems se trouve continuellement réparé, et, pour ainsi dire, recomposé par les matières qui lui sont sans cesse rendues par le chyle et par la lym-

phe, qui ne supplée qu'imparfaitement et pendant peu de tems, au défaut du chyle que je viens de citer.

301. Je conclus, d'après ce que je viens de dire, que la chaleur animale est produite par le dégagement continuel du feu fixé qui passe sans cesse dans le sang par la voie des alimens dont les animaux font usage. Que pendant les changemens qu'éprouvent ces alimens par la mastication et la digestion, il s'en dégage la portion la moins intimement fixée ; que le reste pénètre ensuite dans la masse du sang par la voie du chyle, dont ce feu fixé est un des principes constitutifs ; et qu'alors l'état de composition et de décomposition continuel du sang, qui en est toujours abondamment muni, permet sans cesse à une portion de ce feu, de se dégager.

302. Enfin, tant qu'il existe un parfait accord entre la force qui assimile le chyle au sang, et la force de décomposition qui produit les matières des secrétions qui doivent être ensuite séparées et filtrées par les glandes, la quantité de feu fixé qui se dégage alors, a lieu dans une certaine proportion toujours égale ; ce qui constitue la chaleur naturelle et l'état de santé. Mais

si, par un défaut quelconque de l'accord
dont je viens de parler, la quantité de feu
fixé qui se dégage, a lieu dans une plus
grande proportion, il en naît alors une chaleur contre nature, connue sous le nom de
chaleur fébrile.

303. L'état continuel de composition et
de décomposition du sang dont je viens de
parler, n'est point du tout une supposition
que je propose d'admettre; c'est au contraire une vérité qui me semble incontestable, et que je crois prouver par les citan-
tions et les réflexions suivantes.

304. Premièrement, l'assimilation continuelle du chyle au sang est une véritable
composition, qui sans doute s'opère par
l'effet du mouvement vital, et par conséquent de la circulation qui en est le résultat. En effet, quoique le chyle contienne
tous les principes qui peuvent constituer
le sang, on sait qu'il en est lui-même
très-distingué, et que les principes qui le
constituent ce qu'il est, sont dans des proportions tout-à-fait différentes de ceux du
sang, et ont une intimité d'union qui n'est
point du tout celle de ce fluide. Il suit
de-là que le chyle ne peut devenir sang,
sans subir dans les proportions de ses prin-

cipes et dans l'intimité de leur union, des changemens qui détruisent le composé qui le constituoit, et qui produisent un composé d'une autre nature.

305. Secondement, la décomposition continuelle du sang est prouvée, ce me semble, par les matières des secrétions qui n'existoient point dans le chyle, mais qui se forment dans le sang même, pendant les changemens qu'il subit sans cesse. On ne peut pas dire, en effet, que ce sont les organes des secrétions qui forment les matières dont il s'agit; car l'observation fait voir que ces organes ne font que filtrer et séparer du sang les matières en question, et qu'elles s'y trouvent tout-à-fait formées. On sait, par exemple, que la jaunisse arrive, que les urines teignent le linge de couleur de safran, et que la salive est jaunâtre et amère, lorsque le foie est obstrué. On sait encore qu'un animal vomit une matière semblable à l'urine, après la ligature des artères émulgentes, &c.

306. Maintenant, si le sang est dans tous les instans de la vie, dans un état de composition [304] et de décomposition [305] perpétuel, et si toute altération dans la nature d'un composé [298], ainsi que toute

composition nouvelle de composés qui s'u-
nissent [299], donnent nécessairement lieu
à un dégagement d'une portion des principes constituans de ces matières ; je crois
pouvoir conclure qu'une portion du feu
fixé qui est continuellement fourni au sang
par les alimens dont les animaux se nourrissent, se dégage perpétuellement et dans
de certaines proportions toujours égales ;
d'où résulte dans les animaux pendant le
cours de leur vie, la présence continuelle
d'une certaine quantité de feu en expansion qui constitue leur chaleur naturelle.
On sent que cette quantité de feu qui se
dégage sans cesse, doit être différente,
selon la nature des divers animaux qui en
éprouvent les effets.

307. Les animaux laissent continuellement dissiper dans l'air le feu en expansion qu'ils produisent. C'est une vérité qui
est rendue sensible par la chaleur [161],
qu'on éprouve lorsqu'on entre dans un lieu
clos, où de gros animaux sont rassemblés.
Nos vêtemens ne nous tiennent chaud l'hiver, que parce qu'ils retardent la dissipation du feu en expansion dont il s'agit.

308. Enfin la fermentation [295], que
subissent presque toutes les matières orga-

niques après la destruction des êtres dont elles proviennent, laisse aussi échapper dans l'atmosphère une partie du feu fixé que ces matières contenoient.

L'effervescence.

309. Les phénomènes qui constituent l'effervescence, ont lieu pendant une composition nouvelle, résultante de deux composés qui se détruisent par le contact mutuel de leurs parties à l'air libre, ou quelquefois pendant une fermentation ou une décomposition précipitée. Dans l'un et l'autre cas, j'ai dit [298 et 299] qu'il se dégageoit toujours une portion des principes constituans des matières qui subissent ces altérations. J'ajoute ici que ceux de ces principes qui réussissent le plus facilement à se dégager dans ces circonstances, sont toujours des principes élastiques. Or, c'est à l'effet de ce dégagement qu'il faut rapporter le mouvement intestin qui s'excite dans ces matières, et le frémissement ou le pétillement qu'elles laissent appercevoir dans les circonstances dont il s'agit, ce qui forme ce qu'on appelle *effervescence.*

310.

510. Les principes qui se dégagent le plus abondamment dans les effervescences, sont toujours une bonne partie du feu fixé et de l'air des matières qui changent de nature; mais ils entraînent avec eux quelques particules des autres principes, avec lesquels ils forment, en se dégageant, des combinaisons nouvelles, aériformes et fort élastiques.

311. Tout le feu fixé qui se dégage pendant les effervescences, n'est point employé ou retenu dans les combinaisons élastiques dont je viens de parler; la plus grande partie de ce feu devient tout-à-fait libre, se trouve alors en expansion, et produit la chaleur plus ou moins considérable dont les effervescences sont toujours accompagnées.

312. Plus les matières qui donnent lieu à l'effervescence contiennent de feu fixé dans leur combinaison, et subissent une altération considérable, plus il se dégage de ce feu qui devient alors en expansion, et par conséquent plus la chaleur qui se produit dans ces effervescences est abondante. C'est pour cette raison que les acides minéraux concentrés occasionnent en se combinant avec les matières huileuses, sur-tout

Tome I. Q

avec les huiles essentielles et les huiles siccatives, comme l'a fait voir Cornet, de l'académie des sciences, dans son excellent mémoire sur l'action de l'acide vitriolique sur les huiles, et aussi avec les substances métalliques, une chaleur très-considérable (1).

---

(1) *Objection.* Ils en produisent une plus considérable encore avec la chaux vive, ou avec l'eau pure, qui cependant ne contiennent point *de feu fixé.*

Réponse. L'eau pure ne contient point de feu fixé; cela est exact. Mais la chaux vive peut-elle être jamais considérée comme étant dans le même cas? Or, qu'importe que l'une des deux substances que l'on mêle ensemble, ne contienne point de feu fixé, si l'autre que je suppose plus ou moins décomposée par la première, après leur mélange, en contenoit réellement? Car celle-ci produira dans cette circonstance une chaleur proportionnée à la quantité du feu qui s'en dégagera, et qui sera relative par conséquent au degré d'altération que cette même substance aura éprouvé.

Les acides, dit l'auteur de l'objection dont il s'agit, produisent une chaleur plus considérable avec la chaux vive ou avec l'eau pure, qu'avec les matières huileuses et les substances métalliques. C'est à l'expérience à déterminer le fondement de cette assertion, qui me semble hasardée. (Voyez le mémoire de Cornet, intitulé ; *de l'action de l'acide vitriolique sur les huiles*)

Troisième cause instantanée du feu en expansion produit dans la nature.

313. Le frottement des corps solides entre eux, c'est-à-dire, des solides contre les solides mêmes, est la troisième des causes instantanées qui produisent dans la nature du feu dans un état d'expansion; mais il faut remarquer que cette cause diffère essentiellement des deux précé-

---

Mais comme, de toute manière, le degré de chaleur qui se produit pendant une effervescence, dépend essentiellement et de la quantité de feu qui se dégage dans cette circonstance, et de la promptitude de ce dégagement; et qu'ensuite la quantité de feu qui devient libre dans une effervescence, dépend non-seulement de la quantité de feu fixé que contiennent les substances qui se décomposent, mais encore de leur degré de décomposition; il est clair que si la décomposition d'une substance métallique par un acide s'opéroit moins complètement, ou avec plus de lenteur que celle d'un acide concentré qu'on mêleroit avec de l'eau, ou que celle de la chaux vive ou de l'acide qu'on combineroit avec elle; la chaleur produite dans le premier cas seroit moins considérable que celle qui se produiroit dans le second. Il n'y a dans tout cela rien qui ne soit très-conforme avec nos principes, et qui ne soit très-propre à en faire connoître la solidité.

Q 2

dentes, en ce qu'elle n'agit que sur le feu qui est dans son état naturel [67], et non sur celui qui est fixé dans les corps [72].

314. En effet, l'observation prouve que le frottement des corps solides entre eux, a la propriété de déplacer le feu qui est dans son état naturel, et répandu partout [62], de le rassembler dans un moindre espace en le foulant sur lui-même, de l'amasser et de le condenser au point souvent de lui faire produire une véritable combustion. Cela arrive ainsi, parce que ce feu que le frottement a amassé et condensé (1), [exactement comme le frotte-

---

(1) *Question.* Comment concevoir que le frottement puisse amasser et condenser du feu libre?

Réponse. La question dont il s'agit concerne un fait dont il n'est point possible de douter, parce que tout dans la nature s'accorde à en donner des preuves. En effet, il est on ne sauroit plus évident que le frottement des solides entre eux a la faculté de produire de la chaleur, sans que ce soit aux dépens des principes composant de ces mêmes solides. Or, comme la chaleur n'est point un être, mais seulement l'effet d'une substance qui agit, il est clair que le frottement des solides a la propriété de mettre en action la substance qui produit la chaleur. Je sais, outre cela, que cette substance n'agit qu'en s'étendant: donc que le

ment de certains corps entre eux, amasse
le feu électrique] , se trouve alors dans

---

frottement qui a pu la mettre en action, n'a fait que la
rassembler, la condenser et la mettre dans un état
différent de celui qu'elle acquiert à mesure qu'elle se
dilate.

Mais comment le frottement a-t-il pu rassembler et
condenser la substance dont il s'agit? Je ne sais à cet
égard que ce que la vraisemblance a pu me suggérer;
il me suffit d'être certain que la chose existe. Voici ce
que je pense.

Je conçois que deux corps-solides, de quelque nature qu'ils soient, n'ont jamais leur surface assez unie
pour que, lorsqu'on les applique l'un contre l'autre,
ils ne laissent aucun vuide entre eux; au contraire,
ils en laissent toujours nécessairement un très-grand
nombre. Je conçois ensuite que les vuides qui se trouvent entre deux corps solides, appliqués l'un contre
l'autre, sont très-inégaux, et sont tous remplis par le
feu libre qui se trouve répandu par-tout dans la nature. Enfin je conçois que, comme par l'effet du frottement, la nature de chaque vuide est continuellement
changée avec une vîtesse énorme, le fluide qui se trouve
entre les deux corps solides, doit être bientôt rassemblé dans certains points, qu'il doit s'y amasser sans
cesse, à mesure que le frottement continue et que de
nouveau feu s'insinue dans les vuides dégarnis, et
qu'en un mot ce fluide doit s'y trouver resserré de
plus en plus, et réellement condensé, à force d'être
comprimé et refoulé sur lui-même par les solides qui

Q 3

un état réel d'expansion, c'est-à-dire,
tend à s'étendre et à se remettre dans son
état naturel, dès l'instant que la cause qui
l'a amassé le laisse libre. Aussi ce feu en
expansion agit alors sur les corps qui sont
proche de lui, et contre lesquels l'air environnant l'applique (1), produit la cha-

---

agissent sur sa masse. La matière électrique amassée
par la même voie, est une preuve solide du fondement
de cette opinion.

(1) *Objection*. Toujours de l'air environnant qui applique du feu en expansion ! Comme si la chaleur produite par le frottement ne se produisoit pas tout aussi
bien dans le vuide, et sans aucun concours de l'air.
Qu'on mêle de l'acide vitriolique bien concentré avec
de l'eau, sous le récipient vuide d'air de la machine
pneumatique, et l'on verra s'il n'en résultera pas une
chaleur tout aussi grande que du même mélange fait
en plein air.

Réponse. Toujours la chaleur considérée comme un
être particulier existant, tandis qu'elle n'est autre chose
que l'effet d'une substance qu'on méconnoît par-tout !
Que ne prend-t-on aussi le froid pour une matière, et
l'ombre pour un corps ?

Et qu'a donc, en outre, de commun avec ce que
je dis [314], la chaleur qui se produit dans le vuide
par l'effet du feu fixé qui se dégage d'une substance
pendant qu'elle se décompose ? Sans doute que je me
suis exprimé d'une manière bien obscure, puisque l'il-

leur , et cause même la combustion des matières sur lesquelles il agit, si sa quantité et sa densité sont suffisantes , et si l'adhérence [217] des parties constituantes de ces matières n'opposent point un trop grand obstacle à son action.

315. Tout le monde sait que les essieux des voitures s'échauffent par le frottement des roues; que les outils dont on se sert

---

lustre auteur de cette objection me critique sans m'entendre. Je ne dis nulle part que la chaleur ne peut se faire remarquer dans le vuide; je sais seulement qu'elle doit y être promptement dissipée, et que dans l'expérience que cite ici l'auteur de l'objection, la chaleur dont il parle n'est bien remarquable que dans la masse même du fluide, où le feu en expansion est produit; au lieu que dans la partie vuide du récipient, c'est autre chose.

Au reste, dans le paragraphe 314, je parle du feu libre que le frottement des solides entre eux a condensé dans l'air commun. Or, je prétends que le feu libre amassé et condensé d'abord par l'effet du frottement, se trouve ensuite retenu par l'air environnant qui résiste à sa dilatation, le force jusqu'à un certain point de rester appliqué contre les corps qui l'ont rassemblé, et de pénétrer leur substance, et enfin le rend seul capable de produire la combustion de ces mêmes corps , s'ils en sont susceptibles: Voilà ce que je crois exact et conforme à l'expérience.

Q 4

pour percer, pour tourner, pour scier, pour couper, pour polir, &c. acquièrent une chaleur considérable par le frottement qui résulte de leur emploi; que la farine s'échauffe entre les meules qui la broient; et en un mot, que le briquet choqué fortement contre le tranchant d'un caillou, ou de quelqu'autre pierre très-dure, fait naître des étincelles d'un feu très-vif qui fait rougir, ou quelquefois met en fusion, ou même calcine les parcelles d'acier que le choc et la dureté du caillou ont fait détacher.

316. L'abbé Nollet, d'après Reaumur, attribue ces effets du frottement et du choc, au feu fixé des matières solides que ce frottement ou ce choc en dégage plus ou moins abondamment. Mais je crois être entièrement fondé à penser différemment, et à assurer que le feu se rend parfaitement sensible dans la plupart des frottemens dont il s'agit, avant que les parties constituantes des matières qui les subissent, aient éprouvé la moindre altération et le plus petit changement dans la combinaison de leurs principes. Enfin, il m'est très-facile de prouver que par l'effet du frottement des corps solides entre eux,

ou d'un choc violent qu'on peut leur faire éprouver, et dans lequel il y a toujours un glissement réel; le feu libre qui est partout dans la nature, est aussi-tôt amassé, qu'il est subitement rassemblé dans l'endroit où agit le frottement; qu'il y est condensé d'autant plus fortement que ce frottement qui l'amasse, est fait avec plus de violence, et que les matières qui l'éprouvent, ont plus de dureté et de ressort: qu'en un mot, ce feu ainsi rassemblé et condensé par l'effet du frottement, est alors dans un état d'expansion qui le rend capable de produire la chaleur, de faire rougir des parcelles de métal ou de pierre, et de commencer la combustion du bois, s'il s'y trouve appliqué.

317. Lorsqu'on choque deux corps solides ensemble, avec une violence un peu considérable, on sait que c'est toujours le moins dur des deux corps qui est entamé par l'autre, et qu'il s'en détache des parcelles qui n'ont pas pu résister à la forte collision de ces deux corps entre eux: si alors le feu libre amassé dans ce choc est suffisamment condensé, il pénétrera les parcelles dont il s'agit, il pourra les faire rougir et même les calciner entièrement.

318. Ainsi toutes les fois qu'on choque un caillou avec un morceau d'acier, les parcelles rougies et fondues dans ce choc, sont des particules de l'acier qui ont été forcées de céder à la dureté du caillou : mais, si l'on choque deux cailloux l'un contre l'autre, on obtiendra encore des étincelles qui alors ne sont que des particules de caillou, rougies par la violence du feu libre amassé dans ce choc. Or, il n'est pas vraisemblable de dire que ces étincelles sont dues à la décomposition de la substance du caillou ; décomposition qui permet au feu fixé de cette pierre de s'en dégager ; car on sait que cette sorte de pierre, presque entièrement vitreuse, ne contient que très-peu de feu fixé, qui d'ailleurs n'est point essentiel à sa constitution. Le grès ensuite, choqué contre le grès même, produit encore des étincelles ; le quartz, qui est de même nature que le grès, est aussi dans le même cas ; tous deux cependant contiennent encore moins de feu fixé que le caillou : enfin le cristal de roche le plus pur, le plus net et le plus transparent, étant choqué contre de pareil cristal, produit aussi des étincelles très-distinctes. On connoît trop bien le degré

de simplicité de cette dernière substance,
pour prétendre que les étincelles dont il
est question, soient dues au feu fixé qui s'en
dégage.

319. Un autre exemple suffira pour confirmer le sentiment que je viens d'établir, si l'on répète une des expériences que cite l'abbé Nollet, et qui consiste à prendre un fuseau d'un bois dur, et à le faire tourner comme un foret, par le moyen d'un archet; ce fuseau ayant ses deux extrémités enfoncées chacune dans une cavité médiocre faite à deux planches d'un bois pareillement dur. Lorsqu'on aura fait faire quelques tours au fuseau dont il s'agit, on s'appercevra que ses extrémités sont chaudes, c'est-à-dire, qu'elles communiquent au corps sensible qui les touche, du feu en expansion qui produit la sensation qu'on nomme *chaleur* [161]. Si l'on examine alors le fuseau et les cavités des planches, on ne verra rien de détruit; tout sera encore dans son premier état, avec la seule différence d'une espèce de poli qui s'établit d'abord, mais qui n'est point la cause de la chaleur, puisque ce poli restant ensuite le même, on peut renouveller cette chaleur en faisant tourner une seconde fois

le fuseau. Il est clair que si les fibres et les parties aggrégatives du bois n'ont pas été détruites, comme cela paroît évident dans cette expérience; le feu fixé, qui est dans ce bois comme principe constituant, n'en a pas été dégagé, et par conséquent la chaleur qui s'est rendue sensible, ne peut être attribuée qu'au feu libre, répandu par-tout, que le frottement a amassé. Si en effet on continue de faire tourner le fuseau, et avec un peu plus de vîtesse, on s'apperçoit alors que le bois change de couleur et roussit aux endroits du frottement; enfin, quelques instans après on voit paroître du feu. Or, j'insiste à dire que c'est le feu libre amassé et condensé par le frottement, qui a d'abord produit la première chaleur que j'ai citée; et qu'ensuite ce feu continuant de se rassembler de plus en plus par l'augmentation de frottement, a acquis à la fin assez de force expansive pour altérer le bois dans ses principes, et produire le commencement de combustion qui a eu lieu dans cette expérience.

320. Le premier degré d'altération que le feu libre fait éprouver aux principes constituans d'une matière composée qu'il pénètre, se reconnoît par un changement

dans la couleur de cette matière. En effet, cette couleur nouvelle, qui d'abord d'un roux-pâle, passe au roux-brun, et même ensuite au noir, indique un changement réel dans la combinaison des principes de la matière qui subit cette altération. Elle désigne d'abord une dissipation ou un écartement de l'un des principes qui masquoit la cause colorante, ou qui en altéroit l'effet. Enfin elle désigne un état particulier du feu fixé qui constitue cette cause ; état alors très-différent de celui dans lequel ce feu fixé étoit auparavant dans cette matière. Tout le monde connoît la couleur que prend un morceau de papier, dans l'instant qui précède son inflammation, ainsi que celle qui survient à une tranche de pain que l'on fait rôtir, ou à un morceau de linge que l'on jette au feu.

321. Il suit évidemment de tout ce que j'ai dit [depuis 313 jusqu'à 320], que le frottement des corps solides entre eux, a la propriété d'amasser, de rassembler, et de condenser le feu libre et dans son état naturel, qui est répandu par-tout, de le mettre par conséquent dans un état d'expansion, et de le rendre capable de produire la chaleur, de commencer l'embra-

sement des matières combustibles, de faire rougir les substances métalliques ou pierreuses, et même de les calciner selon le degré de condensation que ce feu a pu acquérir.

322. Mais le frottement des fluides entre eux, ou des fluides contre les solides mêmes, n'a nullement cette faculté; car ce frottement n'est susceptible d'aucune violence, tout fluide, quel qu'il soit, cédant facilement à toute sorte de résistance, puisque chaque partie de la masse commune se déplace aisément [voyez *la note p. 71*]. Aussi les secousses ou les chocs que chacune de ces parties peut recevoir, ne se communiquent à toute la masse que successivement; ce qui est bien différent de ce qui arrive dans les frottemens des corps solides entre eux. C'est pourquoi il me paroît tout-à-fait absurde d'attribuer à l'effet du frottement, la chaleur qui se fait remarquer lorsqu'on jette de l'eau sur de la chaux vive, lorsqu'on mêle un acide concentré avec un alkali, &c. &c. Enfin, de rapporter à une pareille cause, la chaleur continuelle qui se produit dans les animaux pendant leur vie. Tandis qu'il est facile de prouver que tout fluide qui pro-

duit de la chaleur sans qu'on lui en communique, est nécessairement alors dans un
état de décomposition ou de composition
nouvelle, et que dans l'un ou l'autre de
ces cas, perdant absolument une portion
de ses principes [298 et 299], il y a toujours du feu qui se dégage, du feu qui
acquiert un état d'expansion, et par conséquent production de chaleur.

Obs. Ce qui me paroît intéressant de
faire ici remarquer, c'est encore l'analogie
du feu commun avec la matière électrique; analogie que j'ai déjà citée en par-
lant des corps qui sont conducteurs, ou
non conducteurs de cette matière [195 et
196]. On sait en effet que c'est principalement par le frottement que nous pouvons nous procurer le moyen d'observer
la matière électrique; et si tous les corps
ne sont pas également propres à l'amasser
par ce moyen, c'est vraisemblablement aux
modifications particulières qui distinguent
cette matière de celle du feu, qu'il faut
rapporter ces différences. J'ajouterai seulement que lorsqu'on a amassé la matière
électrique par le frottement, elle est alors
dans un état de condensation, et tend,

non à se remettre en équilibre, comme on
l'a dit, mais à se raréfier jusqu'à ce qu'elle
se soit remise dans l'état où elle étoit
avant que le frottement l'ait amassée, c'est-
à-dire, dans son état naturel. D'où il suit
que ce sont aux efforts que cette matière
fait alors pour se dilater, que sont dus les
phénomènes de répulsion qu'on lui a remar-
qués dans cette circonstance.

*Quatrième cause, mais continuellement ac-
tive, du feu en expansion produit dans
la nature.*

323. Si les trois causes instantanées qui
produisent du feu en expansion, et dont
je viens de faire une exposition succinte
[depuis 292 jusqu'à 323], étoient les seules
qui puissent avoir lieu, la quantité de ce
feu dans la nature seroit presque entièrement nulle, parce que ces causes n'y agissent qu'instantanément, et n'en produisent,
relativement à l'étendue de notre globe,
qu'une quantité si petite que ce feu est
toujours dissipé ou raréfié, avant de pouvoir causer une altération sensible dans la
température générale des corps. Il en résulteroit alors les inconvéniens que j'ai dit
être

être inséparables de la nullité de feu en
expansion dans l'univers [287]; mais cela
ne peut être ainsi, parce qu'il existe une
cause toujours puissante dans son action,
continuellement active par son essence,
et qui produit sans cesse dans la nature,
du feu dans un état d'expansion plus ou
moins considérable.

324. Il est aisé de sentir que la cause
dont il s'agit dans cet article, doit être
rapportée à l'action du soleil. En effet, cette
cause agit continuellement, quelles que
soient ses modifications qu'opèrent la plus
ou moins grande distance de l'astre qui la
forme, ou ses divers aspects à notre égard.
Mais il seroit important de savoir comment
elle agit, pour detruire sans cesse l'état
naturel du feu, en le rassemblant par son
action et en lui faisant perdre sa rarité naturelle et primitive. Voici ce que je pense
à cet égard.

325. Le soleil, quelle que soit la nature
de sa substance et son état constitutif, me
paroît un foyer immense, d'où est lancé
continuellement et de tous les côtés possibles, une matière invisible dans son essence, et à laquelle on donne le nom de
lumière.

Tome I.   R

326. Les molécules intégrantes de cette matière, quelle qu'elle soit elle-même, sont vraisemblablement solides et d'une petitesse inconcevable, puisque outre qu'elles sont invisibles, la vîtesse du mouvement qu'elles reçoivent, soit de la part du soleil qui en lance sans interruption, soit de la part de quelques substances de notre globe, qui, dans certain état, ont aussi la faculté d'en lancer dans tous les sens possibles, est presque inappréciable.

327. La lumière doit être, ce me semble, totalement distinguée de la matière du feu, puisqu'elle peut exister sans lui, et lui parfaitement sans elle. En effet, on ne peut pas douter que ces deux substances ne puissent subsister séparément, puisqu'on peut avoir très-froid dans un lieu fortement éclairé, comme cela arrive sur le sommet des hautes montagnes, même de celles de la zône torride, et puisqu'ensuite on peut éprouver une chaleur assez considérable dans une très-grande obscurité, comme celle qu'on peut sentir la nuit, dans une chambre bien échauffée par un poële. Outre cela, la lumière n'a point, comme le feu, la faculté de se répandre par-tout, à la manière des fluides; car le

mouvement qu'elle reçoit de la part des substances qui ont la propriété de la lancer, se fait toujours seulement en ligne droite, soit que cette matière parte immédiatement du point où elle a reçu son premier mouvement, soit qu'elle se trouve réfléchie par les corps qu'elle n'a pu traverser.

328. Lorsque la matière de la lumière est mise en mouvement par une cause quelconque, elle devient aussi-tôt visible dans le point même où elle a reçu son mouvement, ou, pour parler avec plus d'exactitude, le corps qui lui a communiqué son mouvement, devient visible dans le lieu où sa puissance agit sur cette matière. Cela arrive ainsi, parce que la force d'élancement que la lumière reçoit alors, se dirigeant de tous les côtés possibles, en partant du lieu où cette force a été produite, comme d'un centre commun à toutes ces directions, la lumière qui l'a acquise se réfléchit sur tous les corps qu'elle ne peut traverser, et forme alors sur notre rétine qu'elle frappe, une impression qui nous fait appercevoir les corps qui nous l'envoient directement.

329. Tous les corps de la nature, par

R 2

conséquent, ne sont vus par les êtres animés qui les apperçoivent, que par l'effet de la lumière qui, en partant de ces corps, vient directement frapper l'organe de la vue de ces êtres mêmes. Mais comme la lumière arrive aux êtres dont il s'agit, de deux manières différentes, on distingue relativement à l'effet qui en résulte, deux sortes de corps dans l'univers.

330. On nomme *corps lumineux*, par exemple, ceux qui, ayant la faculté de lancer la lumière, sont vus parce qu'ils nous l'envoient directement, ou parce que la lumière qui s'en émane, tombant sur certains corps dont la superficie est assez polie pour n'en point troubler l'arrangement, est réfléchie dans le même ordre et nous rend l'image de ces corps lumineux, comme si elle en arrivoit directement. On nomme ensuite *corps éclairés*, ceux qui n'ont pas la faculté de lancer la lumière, mais que nous pouvons voir, parce que recevant eux-mêmes la lumière des corps lumineux ou d'ailleurs, ils nous la réfléchissent entièrement ou en partie, mais sans conserver le véritable ordre ou arrangement que les particules de cette lumière avoient, lorsqu'ils l'ont reçue.

331. Les corps capables de réfléchir les images des corps lumineux, peuvent aussi réfléchir celles des corps éclairés ; parce que leur superficie étant telle, qu'elle renvoie la lumière dans l'ordre et l'arrangement que cette lumière avoit lorsqu'elle l'a reçue, elle n'altère point par cette raison ce qui peut constituer dans nos yeux la première image apportée. En un mot, la superficie de ces corps réfléchit toutes les images que la lumière vient tracer sur elle, quel que soit le corps d'où partent les rayons qui les forment.

Les chocs des particules de lumière contre les corps qu'elles ne peuvent traverser, ont la faculté de rassembler le feu qui est dans son état naturel, de le condenser, et de le mettre dans un état d'expansion.

332. On sait que la sensation qu'occasionne la lumière qui frappe l'organe de la vue, est plus ou moins vive, selon que la matière qui la forme, a un mouvement plus ou moins considérable et une plus ou moins grande intensité dans son action. Or, lorsque le mouvement rapide de la

R 3

lumière que le soleil lance continuellement sur notre globe [325] , n'est point trop affoibli par les causes qui peuvent l'alté- rer (1); cette lumière, en tombant sur les corps qui l'arrêtent, soit en l'absorbant ou éteignant son mouvement dans leur subs- tance, soit en la réfléchissant entièrement ou en partie, forme une multitude de chocs continuels contre ces corps qu'elle ne peut traverser. Ces chocs multipliés ont la fa- culté d'agir sur le feu, de le déplacer, de le rassembler dans les lieux mêmes où ces chocs sont excités, enfin de le refouler sur lui-même , en le comprimant de toutes parts , de le condenser et de l'éloigner d'autant plus de son état naturel, que la cause qui le déplace, agit avec plus ou moins de violence.

333. Le mouvement de la lumière dans l'air très-pur ou parfaitement transparent, peut bien être un peu affoibli dans sa vî- tesse, à mesure que cette lumière traverse ce fluide ; mais comme cet air, quelque dense qu'il soit, n'en arrête subitement au- cune particule , il ne se fait aucun choc

---

(1) Comme les nuages , les vapeurs qui troublent ou diminuent la transparence de l'atmosphère.

capable de produire du feu dans un état d'expansion. D'où il suit que tant que la lumière ne rencontre que de l'air dans l'état dont je viens de parler, elle ne produit aucune chaleur sensible.

334. Lorsqu'on oppose aux rayons du soleil un miroir de métal, concave et d'un diamètre un peu considérable, il se forme un cône de lumière très-vive, en avant du miroir; et l'on sait que si l'on expose au sommet de ce cône quelque matière combustible, le feu y prend dans le moment même; on sait en un mot que les pierres s'y calcinent, et que plusieurs métaux y rougissent et y entrent même en fusion. Les mêmes phénomènes ont également lieu si l'on met au foyer d'un grand verre lenticulaire les substances que je viens de citer. Or, je dis que le feu qui a dans l'instant embrasé les matières combustibles, et calciné ou fondu les autres substances dont je viens de parler, n'a été produit qu'au moment même où ces matières ont arrêté par leur exposition au sommet du cône lumineux, le mouvement rapide de la multitude de rayons convergens qui le formoit. En effet, dans cette circonstance la prodigieuse quantité de particules de

lumière qui se précipitent à la fois sur les matières qui résistent à leur passage, forme une immensité de chocs qui suffisent pour amasser et condenser dans l'instant même, un feu expansif capable de produire tous les effets observés.

335. Mais si l'on n'expose aucune matière au foyer du miroir ou de la lentille en question, la lumière qui le compose n'éprouvant aucune résistance, ne forme aucun choc et ne produit par conséquent aucune chaleur réelle. [333]. Autrement, si le cône lumineux produisoit lui seul de la chaleur dans l'air, il y auroit nécessairement au-dessus de ce cône, une colonne d'air ascendante, et l'on éprouveroit une chaleur particulière en approchant seulement du cône dont il s'agit. Mais les faits connus ne confirment nullement l'existence de pareils phénomènes.

336. Ce qui prouve que ce sont les chocs des particules incohérentes de la lumière, et par conséquent la résistance subite qu'elles rencontrent dans leur trajet, qui produit le feu expansif qui s'amasse dans l'instant et dans le lieu même où se fait cette résistance; c'est que si l'on expose au foyer lumineux des matières assez trans-

parentes et assez peu épaisses, pour ne presque point interrompre le mouvement de la lumière, il ne se produit presque point de chaleur. M. Macquer ayant exposé à un semblable foyer, des lames de verre très-minces et fusibles à la flamme d'une chandelle, elles ne s'y fondirent point; et l'on sait que des lames de verre beaucoup plus épaisses se fondent promptement lorsqu'on les y soumet. Il faut voir dans la nouvelle édition du dictionnaire de chymie de ce savant, la suite de faits intéressans sur la matière dont il s'agit, et que l'on trouvera rassemblée au mot *verre ardent*. On y verra les nouvelles observations qu'a faites cet habile chymiste, pour confirmer, et j'ose dire, constater les preuves de l'impulsion solaire.

337. Comme la chaleur [161] n'est qu'un effet de la matière du feu que l'on doit tout-à-fait distinguer de la lumière [327], il ne faut pas dire que les particules de lumière uniquement par leur mouvement, sont dans l'état de chaleur. En effet, le jour lorsque l'atmosphère est parfaitement transparente, il n'y a pas une seule portion de l'air qui ne soit éclairée : or, dans ce cas, la masse de cet air recevant dans toutes ses

parties à la fois le contact d'une matière dans l'état de chaleur, cette masse en éprouveroit nécessairement une dilatation considérable. C'est cependant ce qui n'arrive pas, au moins d'une manière bien sensible; car à une certaine distance de la surface de la terre, l'air, quelqu'éclairé qu'il soit, va toujours en diminuant de chaleur, à mesure qu'il est moins proche des lieux ou la lumière, par la résistance qu'elle rencontre, rassemble le feu et le met dans un état d'expansion, comme on l'observe en montant sur des montagnes fort élevées (1).

---

(1) *Objection.* Il n'est pourtant pas moins vrai que l'air éclairé par les rayons du soleil est toujours plus échauffé, que quand le soleil ne l'éclaire pas ; et que cette chaleur est toujours sensible, même à une très-grande élévation.

Réponse. Cette assertion me paroît avoir besoin de preuves, ou doit être uniquement relative à la circonstance suivante. L'air dans le voisinage du globe, et même jusqu'à une certaine distance de sa superficie, doit être dilaté par le feu en expansion que la lumière réfléchie sur ce globe y amasse continuellement ; parce que ce feu condensé monte ensuite dans l'air, à mesure qu'il s'étend pour se remettre dans son état naturel. Or, comme par-tout où l'homme peut

338. Il n'y a guère d'autre chaleur dans l'atmosphère que celle qui résulte du refoulement général et continuel de la matière du feu libre [133], par la lumière, qui y arrive en abondance et avec une vîtesse extraordinaire du soleil. Or, ce refoulement devient toujours d'autant plus

observer l'air atmosphérique, il est nécessairement peu éloigné de la superficie du globe, c'est-à-dire, des lieux où la lumière directe du soleil est réfléchie, il doit donc toujours remarquer une différence de température entre l'air éclairé qui l'entoure, et le même air privé de lumière. Mais je considère l'air en lui-même, en faisant abstraction de toute cause extérieure, et je dis que cet air ne peut être nullement échauffé, par la lumière qui le traverse, parce que je peux prouver par l'expérience que plus l'air est éloigné des lieux où la lumière est réfléchie, moins cet air est échauffé par la lumière, quelque vive qu'elle soit. Je dois à mes propres observations sur de hautes montagnes, la confiance que j'ai en mon opinion; et je me suis apperçu que quoique la chaleur aille progressivement en diminuant d'intensité, à mesure qu'on s'élève et qu'on s'avance vers le soleil dans un air pur et même calme, le degré de chaleur que produit encore la lumière à une très-grande élévation, est dû à l'impulsion de cette lumière sur la montagne même, où l'on observe, et sur les corps qui s'y trouvent et qu'elle ne peut traverser.

énergique, qu'il se fait plus près des corps que la lumière ne peut traverser, et par conséquent plus près de la surface du globe.

Le feu libre étant dans un certain état de condensation, a la faculté d'agir sur la lumière, et de la lancer de tous les côtés, comme les astres lumineux.

339. Si la lumière, par son mouvement, a la faculté d'amasser et de condenser le feu en l'éloignant de son état naturel [332], ce feu, lorsqu'il est dans un certain état de densité, et en même tems en expansion, a lui-même la faculté d'agir sur la lumière, de la lancer et de la rendre visible. Voilà pourquoi le soleil et les autres astres lumineux ne sont pas les seules causes qui nous font appercevoir la lumière; car toutes les matières qui produiront du feu en expansion et dans un certain degré de condensation déterminé, nous la rendront aussi parfaitement visible.

340. Que l'on prenne une barre de fer, qu'on l'expose à l'action d'un feu dont la force d'expansion soit un peu considéra-

ble; cette barre recevra le feu, qui, cherchant à s'étendre, pénètre dans sa substance; elle s'en chargera par degrés, et la quantité qu'elle en acquerra à mesure qu'elle continuera d'être exposée à son action, ira en augmentant d'une manière sensible pendant un certain tems, sans que la couleur naturelle de cette barre en soit nullement altérée. Mais lorsque le feu qui se rassemble dans la barre dont il s'agit, y sera amassé en une quantité fort grande, et qu'il y aura acquis par conséquent un degré de condensation considérable, la barre de fer alors paroîtra rouge (1).

---

(1) *Objection*. Comme en bonne philosophie, *on ne doit jamais multiplier les êtres sans nécessité*, et que les seules vibrations violentes des parties infinitésimales de la barre de fer suffisent, et pour produire l'état qu'on nomme *chaleur*, et pour lancer la matière de la lumière vers nos yeux, je ne vois en mon particulier aucune nécessité de faire venir dans cette barre de fer une grande quantité d'une prétendue matière du feu pour produire les deux effets.

Réponse. Je ne crois pas multiplier les êtres, en regardant le feu comme une matière particulière et entièrement distinguée de toutes les autres, par des qualités qui lui sont propres. L'existence de cette matière dans la nature est aussi prouvée que puisse jamais

341. Or, je dis que la couleur rouge de cette barre n'est point l'effet d'aucune al-

---

l'être aucune des autres qui sont le plus évidemment connues. *Voyez* la page 78 et les suivantes.

Ensuite, outre le feu fixé que la barre de fer dont il s'agit, contient comme principe composant, elle est encore remplie, lorsqu'on l'a fait rougir, d'une quantité considérable de feu libre en expansion, dont elle s'est chargée pendant qu'elle a été exposée au foyer qui l'a fait rougir. Ce nouveau feu que la barre de fer a acquis, à mesure qu'on l'a fait chauffer, n'est point du tout une supposition systématique ; l'augmentation de pesanteur de cette barre prouve en effet qu'elle contient alors plus de matière que lorsqu'elle étoit froide. Enfin cette même matière surabondante qu'on peut enlever à cette barre, en la faisant passer dans d'autres corps dans lesquels elle continue de se rendre sensible, n'est point une chimère comme les prétendues vibrations des parties *infinitésimales* de la même barre rougie. Sans doute que l'opinion singulière qui, sans une seule preuve, admet ces vibrations, fut produite par le système aussi peu fondé, qui consiste à prétendre que les particules du feu libre ont dans leur essence un mouvement continuel très-rapide.

Les seules vibrations violentes des parties infinitési-males de la barre de fer, suffisent, dit-on, *pour produire l'état qu'on nomme chaleur.* Eh quoi ! la chaleur est donc un état de la barre, et non l'effet d'une matière particulière qui agit ? Lorsque je trempe dans de l'eau froide la barre de fer rougie au feu, c'est donc son

tération essentielle que cette même barre
ait éprouvée de la part du feu, et ne lui

état qui passe dans l'eau, puisqu'à mesure que cette
barre se refroidit, l'eau devient chaude ? Quand je
verse de l'eau froide sur cette même barre rougie,
c'est donc encore son état qui s'élève avec l'eau en
vapeurs et vient me brûler la main ? Quand j'approche
la barre de fer rouge, de mon visage, mais sans le
toucher, l'impression de chaleur que j'éprouve dans
l'instant, peut-elle être l'effet de l'état de cette même
barre qui ne me touche point, et non celui d'une matière particulière, qui, en s'échappant de la barre, agit
sur ma substance qu'elle rencontre ?

Mais on dira peut-être que l'état prétendu de la
barre rouge, consistant en vibrations violentes dans
les plus petites de ses parties, communique à l'air environnant un semblable mouvement dans ses molécules
intégrantes, et que c'est à ce mouvement de l'air qui
me touche, qu'il faut attribuer l'impression de chaleur que je ressens. A cela je répondrai par une question fort simple : comment se fait-il que quand j'approche à quelque distance de la barre incandescente,
une bouteille très-bien bouchée et pleine d'eau, après
quelques instans l'eau de cette bouteille acquiert sensiblement de la chaleur ? Je sais cependant que l'air,
soit agité, soit tranquille, n'a nullement la faculté de
traverser les pores du verre. Enfin, si je présente un
thermomètre à quelque distance de cette même barre
rougie, sa liqueur montera et sera distinctement dilatée. Or, qui de bonne-foi osera prétendre que dans

appartient nullement : en effet, cette barre est toujours dans son entier et dans son même état métallique, quoique paroissant d'une nouvelle couleur, et le feu qui la pénètre, n'a encore détruit aucune de ses parties constituantes, malgré la violence de ses efforts d'expansion. Cela est si vrai, que si on laisse dissiper son feu qui s'étend bientôt et s'échappe dans l'air environnant qu'il dilate et y forme une colonne ascendante, la barre reprend alors sa couleur naturelle et se retrouve dans son premier état, n'ayant éprouvé dans le tems qu'elle étoit pénétrée par le feu, qu'un certain degré d'écartement entre ses particules aggrégatives [246], ou d'agrandissement de ses pores, qui n'a point été suffisant pour rompre la cohésion de ses parties, et pour détruire l'union d'aucun de ses principes constituans.

342. La densité du feu libre contenu dans la barre de fer dont il est question, et la violence de son effort expansif ont

---

le cas que je viens de citer, aucune substance n'a traversé les parois de ma bouteille et de mon thermomètre, et n'a pénétré dans les liqueurs que ces vaisseaux contenoient ?

suffi

suffi pour le rendre capable d'agir sur la lumière dont les particules dans l'état de repos remplissent les interstices de tous les corps, et pour la lancer et la rendre visible [328]; ce qui a donné lieu à la couleur rouge de la barre; couleur qui, au fond, en est moins une qu'un éclat lumineux bien distinct.

343. Si le feu contenu dans la barre eût acquis une densité encore plus grande que celle du feu qui l'a fait rougir, cette barre alors très-lumineuse eût paru presque blanche. En effet, la lumière étant lancée avec plus de violence par le feu libre de la barre, l'éclat lumineux eût été plus considérable, et l'on sait qu'un faisceau de rayons fort dense ou non divisé, réfléchit la couleur blanche et la constitue. On peut concevoir par-là pourquoi la flamme de l'esprit-de-vin et celle du soufre, sont peu vives et d'une couleur bleuâtre; tandis que celle de l'huile ou de la cire est vive, claire et presque blanche. Dans les deux premières substances, le feu qui se dégage, n'a qu'une densité médiocre, en comparaison de celui qui s'échappe des deux autres pendant leur combustion.

344. La matière électrique n'est elle-

même ni plus visible, ni plus lumineuse que le feu ; mais elle a, comme lui, la faculté d'agir sur la lumière, de la lancer et de la rendre sensible, toutes les fois qu'elle (la matière électrique) est obligée de traverser l'air étant en masse et ayant acquis par le frottement des corps qui l'ont rassemblée [322 *obs.*], un certain degré de densité un peu considérable. Si en effet l'on présente un corps arrondi ou obtus au conducteur d'une machine électrique, sur lequel cette matière vient d'être amassée par le frottement, on oblige cette matière qui tend à se partager entre les corps pour diminuer de densité ; on l'oblige, dis-je, à venir toute à la fois, et à traverser ainsi l'air, étant en masse. Or, comme l'air comprime de tous les côtés la matière dont il s'agit, et la condense avec force dans l'instant de son passage, la densité qu'elle a nécessairement alors, la met dans un état d'expansion si violent, que dans ce cas elle est capable de communiquer aux particules de la lumière sans moûvement, une impulsion qui les lance et les rend sensibles dans l'instant. C'est ce qui a lieu dans l'étincelle ou le choc électrique. Mais s'
l'on n'eût présenté au conducteur dont je viens de parler, qu'une pointe très-affilée et aiguë, la matière électrique n'étant pas obligée alors d'arriver toute à la fois à la pointe en question, n'auroit point traversé l'air en masse; elle seroit venue en filant comme un jet, n'ayant qu'une densité médiocre, et n'eût pu lancer la lumière et la faire paroître. C'est, comme on sait, ce que l'observation confirme parfaitement.

345. On voit, par ce que je viens de dire [depuis 328 jusqu'à 344], que non-seulement la lumière est une matière tout-à-fait différente de celle du feu, mais même que ces deux substances n'ont aucune affinité entre elles; car au lieu de pouvoir s'unir ou se mêler ensemble, on s'apperçoit dans certaines circonstances, qu'elles se repoussent et se déplacent mutuellement. En effet, de même que la lumière a la faculté en choquant les corps qui s'opposent à son passage, d'amasser dans l'endroit où se fait ce choc, le feu qui dans son état naturel est répandu par-tout, de l'y condenser et de le mettre dans un état d'expansion; de même aussi le feu libre se trouvant par une cause quelconque dans un certain état de condensation qui rend sa force expansive considérable, a alors la

propriété d'agir sur la lumière, de la lancer et de la rendre sensible.

346. Pour que cela puisse avoir lieu, je présume que les interstices de tous les corps contiennent des particules de lumière dans l'état de repos, et que l'atmosphère même en est par-tout remplie; mais qui sont peut-être dans un écartement tel, que les particules de lumière en mouvement ne sont pas arrêtées par celles qui sont en repos, la petitesse et l'extrême mobilité de ces particules étant inappréciables; en un mot, je présume que cette lumière conserve son état d'inaction, jusqu'à ce que quelque substance capable de lui communiquer du mouvement, nous la fasse appercevoir en la lançant de tous côtés. Ce qui fait le fondement de cette opinion, c'est que toute la lumière qui vient du soleil sur le globe que nous habitons, n'y est jamais entièrement réfléchie; car une partie de cette lumière perd son mouvement dans beaucoup de corps, qui, pour ainsi dire, l'absorbent en s'en laissant pénétrer jusqu'à un certain point, et éteignent tout son mouvement en changeant sans cesse sa direction, avant qu'ils en soient traversés.

347. Ce qui prouve que ce ne sont pas les vibrations supposées des particules les plus petites des corps incandescens ou des corps qui brûlent, qui lancent la lumière, c'est que des masses de matière électrique condensées, deviennent lumineuses en passant au travers de l'air : telles sont les aigrettes et les étincelles électriques qui se manifestent dans nos expériences sur l'électricité ; ou celles qui se produisent dans les orages, que nous connoissons sous le nom *d'éclairs*, et qui lancent, comme on sait, une quantité prodigieuse de lumière ; ou peut-être encore celles qui constituent les *aurores boréales*. Or, dans tous ces cas, aucun corps ne subissant la combustion, ni se trouvant en incandescence, n'a pu produire cette lumière par les vibrations supposées de ses particules. Cette même lumière, avant d'être lancée, étoit donc dans l'atmosphère, puisque c'est dans l'atmosphère que les masses de matière électrique citées sont devenues lumineuses.

S 3

L'action du soleil suffit pour communiquer à la masse du globe terrestre, la chaleur commune qu'on lui observe, et pour produire celle qui se fait ressentir à sa surface.

348. Si les chocs que produisent les particules de lumière qui rencontrent des matières qu'elles ne peuvent traverser, ont la faculté de rassembler le feu qui est libre et par-tout dans la nature, de lui faire perdre sa rareté primitive, de l'amasser dans les endroits où se font les chocs dont il s'agit, de le mettre dans un état d'expansion, et par conséquent d'occasionner dans ces lieux une chaleur qui s'étend par-tout où la matière expansive qui la constitue, peut facilement pénétrer [332 à 337]; on en peut conclure que le globe de la terre doit avoir en tout tems, dans sa masse, un degré de chaleur à-peu-près égal; car *dans tous les tems et sans aucune interruption, la moitié du globe reçoit continuellement l'impulsion des rayons solaires.*

349. Le feu amassé par l'effet des chocs multipliés de la lumière, se trouve dans un état d'expansion et tend alors à se di-

later pour se remettre dans son état naturel; mais les corps environnans [70] forment à sa raréfaction, un obstacle plus ou moins considérable, selon leur nàture. Or, lorsque le feu expansif que la lumière amasse à la surface d'un corps par son impulsion, trouve dans la substance de ce corps beaucoup de résistance à se laisser pénétrer, et éprouve beaucoup de difficultés pour s'étendre par son moyen, alors ce feu quitte le corps dont il s'agit, et s'élève dans l'air, par l'effet de sa moindre pesanteur. Il sera facile de se convaincre de la vérité de ce fait, si l'été, lorsque l'action du soleil n'est point interrompue par des nuages, on se transporte dans un lieu sec, aride, pierreux ou sablonneux, et que l'on s'abaisse au point que la vue puisse raser la surface de la terre, à la hauteur de deux à huit pouces ; on verra continuellement et bien distinctement un fluide transparent s'élever et former des ondulations remarquables. Ce fluide n'est point l'air lui-même; car si c'étoit cet élément, il y auroit dans tous les points de l'étendue du terrein cité, des courans d'air descendant ou des courans latéraux, qui viendroient sans cesse réparer les vuides que l'ascen-

sion continuelle de cet air prétendu formeroit nécessairement. Mais je me suis
assuré par l'exposition de quelques corps
légers, tels que les aigrettes des semences
de certaines plantes, que ces courans n'a-
voient point lieu.

350. Si au contraire le feu en expansion
que produit l'impulsion de la lumière, se
trouve rassemblé sur un corps qui ait la
faculté de le recevoir facilement, comme
l'eau [77 et 226], et ensuite les matières
métalliques ; alors la plus grande partie de
ce feu pénètre dans ce corps, s'y amasse,
lui communique une chaleur qui se partage entre toutes ses parties ; et il n'y a
dans cette circonstance qu'une petite quantité de feu expansif qui s'élève dans l'air,
parce que, selon l'expression de Franklin,
l'air est un moins bon conducteur de la
matière du feu que ne l'est le corps dont il
est question [195 et 196.]

351. Maintenant on conçoit que si la
masse entière du globe terrestre étoit uniquement formée par une terre sèche et
aride, ou ne présentoit dans tous les points
de sa superficie qu'un sable pur, ou qu'une
couche pierreuse fort épaisse et blanchâ-
tre, la chaleur commune de la masse du

globe seroit beaucoup moindre qu'elle n'est;
parce que la plus grande partie du feu en
expansion formée par l'impulsion des rayons
solaires, s'éleveroit dans l'atmosphère et
ne pénétreroit point dans l'intérieur du
globe. On conçoit encore par la même raison, que si la masse entière de ce globe
étoit formée par une substance qui, comme
l'eau ou les matières métalliques, ait la
faculté de recevoir facilement le feu qui
est en expansion, et de s'en charger abondamment, en lui offrant une résistance
moindre que celle qu'il éprouve de la part
de l'air [76 et 207]; la chaleur commune
du globe dont il s'agit, seroit beaucoup
plus considérable qu'elle n'est réellement.
Cela auroit ainsi lieu, parce que la plus
grande partie du feu expansif que produit
l'impulsion de la lumière, pénétreroit sans
cesse dans la masse du globe et s'y amas-
seroit abondamment, en se partageant de
proche en proche entre toutes ses parties.
Mais ces deux extrêmes, savoir la très-
grande chaleur ou le froid excessif ne peuvent constituer la température de la masse
de notre globe, parce que la nature et la
proportion des matières qui composent ce
globe, ne lui permettent d'acquérir qu'une

quantité moyenne de la chaleur qui se produit à sa surface ; chaleur dont une portion pénètre et s'amasse dans l'intérieur du globe, tandis que l'autre portion se dissipe continuellement dans l'atmosphère.

352. Ce terme de chaleur qu'on peut rapporter à-peu-près au dixième degré au-dessus de la congélation, du thermomètre de Reaumur, doit toujours se conserver le même, parce que la cause qui le produit, agit sans cesse de la même manière [348], et qu'elle agit avec une énergie toujours à-peu-près la même ; puisque l'astre qui la produit, ne varie que médiocrement dans sa distance. En outre, ce terme de la chaleur commune de notre globe, ne peut qu'être moyen entre les deux extrêmes dont je viens de parler, parce qu'il y a une assez grande quantité de substances conductrices dans la composition du globe, pour qu'une portion de la chaleur produite par l'impulsion des rayons solaires, y puisse pénétrer continuellement et entretenir sa chaleur commune ; et qu'il y a en même tems une assez grande quantité de matières non conductrices, pour que tout le feu amassé par la cause dont il est question, ne soit pas reçu dans le globe, mais

soit continuellement dissipé dans l'atmosphère.

353. On pourra facilement se convaincre de l'effet qui résulte de ces deux sortes de corps conducteurs ou non conducteurs du feu dans l'état d'expansion, lorsqu'on fera attention à la différence qu'il y a dans la température de l'air qui repose au-dessus des eaux et des lieux qui en sont imprégnés, d'avec celle de l'air qui domine les terres et les lieux arides. En effet, l'eau et les corps humides se laissent aisément pénétrer par le feu en expansion que la lumière produit à leur surface, et n'en laissent exhaler dans l'air, qu'une médiocre quantité ; ce qui fait que cet air ne se raréfie jamais autant que celui qui est au-dessus des terres et des lieux secs, qui reçoit sans cesse, pendant l'action du soleil, presque tout le feu en expansion qui se forme. On sait que les pays qui n'ont presque point d'eau, sont exposés à de fortes chaleurs que n'ont point ceux qui, à latitude égale, sont entrecoupés par des étangs, des lacs, des rivières et des forêts considérables. Personne n'ignore combien le Canada est plus froid que la France, quoique celle-ci soit située sous les mêmes pa-

rallèles, en grande partie. On connoît les chaleurs insupportables des vastes déserts de l'Afrique, qui, dépourvus d'eau, ne présentent dans des plaines immenses que des sables brûlans. Enfin c'est un fait reconnu que le continent, situé au pôle septentrional, rend cette région de la terre beaucoup moins froide que celle du pôle austral, où le globe ne présente par-tout que des eaux.

354. Le feu en expansion qui s'élève dans l'atmosphère, par les raisons que je viens de citer [349], ne conserve pas en montant son même degré de condensation. En effet, la tendance que ce feu a pour s'étendre et pour se remettre dans son état naturel, trouve dans l'air qui l'environne, une résistance continuelle à son expansion; mais, comme nous l'avons suffisamment fait connoître, cette résistance est d'autant plus considérable, que l'air qui la forme est plus condensé [207]: or, on sait que l'air vers la surface du globe étant chargé du poids de celui qu'il supporte, est, par l'effet de la pression qui en résulte, dans un plus grand état de condensation, que celui qui est situé dans les régions élevées de l'atmosphère. Il suit de-là que le feu en ex-

pansion trouve beaucoup plus de difficultés à s'étendre dans l'air le plus près de la terre, que dans celui qui en est fort éloigné.

355. Cette connoissance nous fournit la véritable raison pourquoi dans les hautes régions de l'atmosphère, il se produit si peu de chaleur; et pourquoi, par exemple, sur le sommet des montagnes les plus élevées, comme celles du Pérou, la lumière qui cependant y est extrêmement vive, n'y altère presque point le froid qui y règne, quoique sur le sommet de ces montagnes, il y ait des plaines assez spacieuses pour réfléchir toute la lumière qui y abonde. On sent en effet, qu'à une certaine hauteur dans l'atmosphère, la raréfaction de l'air y est telle, que le feu en expansion que peut produire l'impulsion de la lumière, s'étend presque aussi-tôt qu'il est formé, parce que ce feu n'éprouve de la part de l'air, qu'une résistance médiocre à son extension : aussi la chaleur à cette élévation, est-elle toujours extrêmement foible.

356. Lorsque la lumière lancée par le soleil, tombe perpendiculairement sur la surface du globe, elle y arrive après avoir traversé la moindre portion de l'atmos-

sphère, et par conséquent n'ayant essuyé dans sa *vitesse* que la moindre altération possible. D'où il résulte que cette lumière, par son choc plus violent, peut amasser sur le globe un feu expansif plus abondant et plus considérable, que celle qui n'y parvient qu'obliquement et qu'après avoir été affoiblie par la grande portion d'atmosphère qu'elle a été obligée de traverser. Ce principe incontestable suffit pour rendre raison de la différence qu'on observe en général, dans la température de tel ou tel climat, relativement aux diverses saisons de l'année, et ayant égard aux modifications que peuvent produire les causes particulières.

357. Outre cela, si on a remarqué une sorte d'égalité dans la chaleur moyenne de l'été dans tous les climats de la terre, on peut reconnoître dans ce phénomène la compensation exacte qui se trouve partout dans les deux manières avec lesquelles le soleil agit sur notre globe ; car chaque région de la terre gagne en durée de la part de l'action de cet astre, ce qu'elle perd par l'obliquité de ses rayons, et *vice versa.*

RÉSUMÉ DE CET ARTICLE.

358. Je me suis proposé dans cet article, de prouver qu'il y a continuellement dans la nature, du feu dans un état d'expansion, c'est-à-dire, du feu condensé jouissant de la force qui le porte alors à s'étendre. Or, pour y parvenir, j'ai fait voir que les causes qui ont la faculté de produire du feu dans cet état, sont au nombre de quatre [290]; mais en même tems j'ai fait remarquer que leur manière d'agir et la puissance ou le résultat de leur action, ne sont point les mêmes dans ces différentes causes.

359. En effet, il y a trois de ces causes qui n'ont lieu que dans certaines circonstances, et qui par conséquent ne produisent qu'une quantité variable de feu expansif; quantité d'ailleurs qui seroit très-insuffisante pour produire l'activité nécessaire à la nature. Ce sont la combustion [292], la fermentation [295], et le frottement des corps solides entre eux [313]. La quatrième au contraire, est perpétuellement active et suffit parfaitement à l'entretien du feu expansif dont il est ques-

tion. Cette cause est due à l'action du soleil [324], et c'est elle particulièrement qui donne la solution de la proposition générale établie au commencement de cet article.

360. Ces quatre causes peuvent encore être considérées sous un autre point de vue qui peut contribuer à les faire mieux connoître. Les deux premières, par exemple, n'ont lieu que parce qu'il y a du feu fixé [72] dans presque tous les corps composés de la nature. Or, le dégagement de ce feu produit dans l'instant, comme le prouvent les phénomènes de la combustion, du feu dans un état d'expansion réel. On a vu que ce feu fixé peut être dégagé des corps de deux manières; il peut l'être par le moyen de la combustion, ce qui constitue la première des deux causes dont il s'agit, et il peut l'être aussi par l'effet de la fermentation, d'où résulte la seconde. C'est à l'une ou l'autre de ces causes que sont dus sans doute les tremblemens de terre, les irruptions des volcans, la décomposition des pyrites, la température particulière des sources ou fontaines d'eau chaude, la chaleur qui se rend sensible dans les décompositions ou les compositions

compositions subites et dans les effervescences, et enfin la chaleur animale.

361. Les deux autres causes diffèrent de
celles dont je viens de faire mention, en ce
qu'elles n'agissent que sur le feu qui est
dans son état naturel, et non sur celui qui
est fixé dans les corps. Ce sont le frottement des corps solides entre eux, et les
chocs des particules de lumière, contre les
corps qu'elles ne peuvent traverser. Il faut
rapporter à la première de ces deux causes
la chaleur qui se produit dans tout mouvement qui donne lieu au frottement des solides contre les solides mêmes; ainsi l'augmentation de chaleur qui se fait remarquer
dans le mouvement musculaire, lorsqu'on
s'agite, ou lorsqu'on marche avec vîtesse,
dépend peut-être en partie du frottement
qui s'excite entre les solides du corps en
mouvement. Enfin c'est à la seconde de ces
deux causes qu'il faut attribuer la chaleur
commune et régulière du globe, de même
que les divers degrés de chaleur qui s'observent tant à sa surface, que dans l'atmosphère
qui l'environne.

ARTICLE VI.

Les deux élémens compressibles, savoir le feu et l'air, ayant une densité plus grande que celle qui leur est naturelle, augmentent la pesanteur des corps qu'ils pénètrent, ou qui les contiennent, proportionnellement à leur quantité dans ces corps.

362. Si tous les corps qui existent, ne contenoient leurs élémens constitutifs que dans leur état naturel, il n'y a point de doute, comme je l'ai déjà dit [19 et 20], que les corps les plus pesans de la nature ne pourroient être que simples et uniquement formés par l'élément terreux ; car cet élément étant plus pesant que les autres, il s'ensuit qu'une masse de terre pure, dont les molécules seroient dans un état d'aggrégation parfait, devroit être plus pesante qu'une masse de toute autre matière, ou de tous corps composés ayant un égal volume.

363. Mais comme parmi les quatre élémens connus, il s'en trouve deux qui sont très-compressibles, et par conséquent sus-

ceptibles d'une grande condensation qui ne leur est point naturelle ; on conçoit que ces deux élémens, quoiqu'étant dans leur essence beaucoup moins pesans que les deux autres, peuvent, par l'effet de la densité qu'ils sont capables d'acquérir, égaler et même surpasser les deux autres élémens en pesanteur. En effet, relativement à une seule sorte de matière, il est clair que plus il y en a dans un espace donné, plus la masse qui en résulte, l'emporte par sa pesanteur sur celle d'une moindre quantité de la même matière occupant le même espace.

364. Il résulte de ce principe, que toute matière qui contient du feu et de l'air ayant une densité plus grande que celle qui leur est naturelle, doit être plus pesante que la même matière qui ne contiendroit ces élémens que dans l'état de rarité qui les constitue. Or, c'est maintenant un fait parfaitement prouvé par les phénomènes de la combustion, de la fermentation, de la calcination des métaux et de leur revivification, &c. que l'état fixé du feu et de l'air dans les corps dont ces deux élémens sont principes constitutifs, est un état de densité considérable qui ne leur est point na-

turel, et qu'ils perdent aussi-tôt qu'ils sont dégagés de ces corps. Aussi est-ce à l'effet de cette densité non naturelle de l'un et de l'autre des deux élémens compressibles dont il s'agit, qu'est dû l'excès de pesanteur d'un grand nombre de corps composés, comparés à de semblables volumes de la matière la plus pesante de la nature, observée dans le plus grand état de pureté qu'on lui connoisse.

365. Pour rendre plus sensible ce que je viens de dire sur la pesanteur même assez considérable, qui résulte de la densité du feu ou de celle de l'air qui est fixé dans les corps comme principe composant, ou qui est simplement contenu dans ces corps, je vais essayer de faire connoître l'effet de cette densité, dans des composés où l'un des deux élémens dont il est question domine particulièrement.

Le feu, dans un état de condensation quelconque, augmente la pesanteur naturelle des corps qu'il pénètre, ou qui le contiennent.

366. De même qu'une colonne d'air fort dense pèse sensiblement plus qu'une sem-

blable colonne d'air dans un état de raréfaction plus considérable, ce que confirment les observations du baromètre ; de
même aussi le feu dans un état de condensation quelconque et pris dans un espace déterminé, pèse davantage que le
même élément dans son état naturel, considéré dans le même espace.

367. J'ai fait voir que le feu qui n'est
plus dans son état naturel, n'existe dans la
nature que de deux manières différentes.
En effet, ce feu est ou libre, et alors nécessairement dans un état d'expansion [69],
puisqu'il jouit de la force qui le porte à
s'étendre, ou bien il est combiné dans les
corps composés dont il fait partie comme
principe constituant, et alors il est fixé et
n'a point la liberté de recouvrer sa rarité
naturelle. Dans l'un et l'autre cas, ce feu
rend les corps qui en sont chargés, réellement plus pesans qu'ils ne seroient, s'ils
ne contenoient cet élément que dans l'état
de rarité qui lui est naturel, lorsqu'il n'est
point modifié.

368. Dans le premier cas, par exemple,
c'est-à-dire, dans celui où le feu n'étant
point dans son état naturel, est libre et en
expansion, on sent que ce feu augmente

d'autant plus la pesanteur des corps qui le contiennent, que sa densité est plus considérable. Il est vrai que ce n'est que dans un grand état de condensation que l'augmentation de pesanteur que le feu procure aux corps qui en sont pénétrés, pourroit être apperçue ; car la pesanteur de cet élément est si petite, en comparaison de celle des autres sortes de matières, qu'elle ne devient sensible pour nous que lorsqu'un feu un peu considérable se trouve amassé dans un fort petit espace. Au reste, des expériences faites avec beaucoup de soin prouvent que différentes matières chauffées jusqu'à l'incandescence, et qui, comme le verre ou le laitier le plus pur, ne perdent rien de leur substance en s'échauffant, ont alors une pesanteur sensiblement plus grande que lorsqu'elles sont refroidies. Cet excès de pesanteur est un cent-soixante-dixième du poids de la matière échauffée. (Voyez *Buff. Hist. nat. suppl. vol. II, p. 16.*)

369. Si l'on expose un métal quelconque à un feu assez fort pour le faire entrer en fusion, les portions du même métal qui ne seront point encore fondues, surnageront sur celles qui sont dans un état de fluidité, jusqu'à ce qu'elles entrent

elles-mêmes en fusion. Du beurre figé nage sur du beurre liquéfié; la glace elle-même surnage et ne s'enfonce point dans l'eau, ce qui a lieu même à l'égard des morceaux dont la substance continue ne laisse appercevoir aucun vuide, ni aucune bulle d'air. Ces phénomènes me semblent encore prouver que la cause qui fait passer les corps solides à l'état de liquidité, est aussi tout-à-fait la même que celle qui augmente alors leur pesanteur; à moins que ces effets ne soient dus en même tems à l'état d'expansion et de répulsion de la matière qui met les corps solides à l'état de liquidité.

370. Quant à la seconde manière dont le feu hors de son état naturel peut exister dans la nature, c'est-à-dire, celle où il est fixé dans les corps comme principe constituant; il est facile de s'appercevoir que, dans cet état le feu augmente aussi la pesanteur des corps qui le contiennent, et que cette augmentation de pesanteur a lieu, en raison de la quantité de feu qui est fixé dans ces corps.

371. Mais, pour juger de la quantité de feu fixé que contient un corps, il est essentiel de ne point avoir égard seulement à la facilité avec laquelle on peut parvenir

à en dégager ce feu ; car lorsque les principes constituans d'un corps n'ont que peu d'adhérence entre eux, le feu fixé dans ce corps peut quelquefois paroître plus abondant qu'il n'est, à cause de la facilité avec laquelle il est possible de l'en dégager. Tandis que le feu, principe d'un autre corps dont la constitution seroit très-intime, pourroit, par cette raison, paroître en moindre quantité qu'il n'y est réellement. Ainsi un morceau de charbon d'un pouce cube, ne contient pas autant de feu fixé qu'un morceau d'or ou de tout autre métal d'un semblable volume.

372. Les matières métalliques sont des substances qui contiennent une très-grande quantité de feu fixé dont l'état de combinaison est très-intime. Or , comme leur base est presque uniquement formée par la terre, c'est-à-dire, par l'élément le plus pesant, combiné avec cette grande quantité de feu, ces substances sont aussi les plus pesantes que la nature produit.

373. Enfin, comme j'essaierai de le faire voir dans cet ouvrage, l'activité d'un acide est due à la quantité de feu qui entre dans sa composition : or, si cela est, l'acide le plus fort et le plus concentré doit être aussi

le plus pesant. C'est, en effet, ce qui est conforme à l'expérience.

L'air fixé dans les corps comme principe constituant, y est dans un état de condensation qui ne lui est point naturel.

374. L'air entre comme principe constituant dans presque tous les composés de la nature. En effet, si l'on en excepte les substances métalliques qui paroissent n'en contenir que très-peu, tous les autres composés en fournissent, par l'effet de leur décomposition, une quantité même assez considérable, mais qui cependant varie selon la nature de ces corps.

375. Cet élément étant fixé dans les corps comme principe composant, n'y est point dans son état naturel; mais il s'y trouve, comme je l'ai déjà dit [48], dans un état de condensation très-considérable. Ce que j'avance paroît incontestable, puisque l'air que l'on retire des corps dans lesquels il étoit fixé, s'étend alors par son propre effort et occupe bientôt, à mesure qu'il devient libre, un espace beaucoup plus grand que celui qu'il tenoit dans les corps dont il faisoit partie. Il suffit de consulter les

belles expériences de M.M. Hales, Priestley, Black, Macbride, ainsi que celles de M. Lavoisier, pour se convaincre que l'air que ces savans ont retiré des substances végétales, animales et minérales, occupe, après son dégagement des matières dont il s'agit, un espace considérablement plus grand que celui dans lequel il étoit contenu, lorsqu'il étoit fixé dans ces matières.

376. On ne doit pas dire, ce me semble, que l'air fixé dans les corps y est simplement dans un état de division, ce qui l'empêche de jouir de l'élasticité qui lui est propre; car si cela étoit seulement ainsi, lorsque l'air seroit dégagé d'un corps, il recouvreroit aussi-tôt l'élasticité dont il étoit auparavant dépourvu, comme cela arrive en effet, mais il n'y auroit aucune raison pour que cet élément s'étende en devenant libre, et prenne alors un volume beaucoup plus grand que celui de la matière même qui le contenoit, ce qui a cependant lieu.

377. Il est vrai que, comme il y a continuellement dans la nature du feu dans un état d'expansion [art. V], l'air nouvellement dégagé d'un corps s'étend et se di-

late davantage qu'il ne feroit si ce feu
n'existoit pas· aussi le degré ou l'air devenu libre cesse de s'étendre, est toujours
proportionné à la quantité de chaleur ou
de feu expansif, répandu dans le lieu où
se fait ce dégagement d'air. Mais il n'est
pas vraisemblable, malgré cela, d'attribuer
seulement à cette cause, la grande extension de l'air qui se dégage d'un corps dont
il étoit un des principes composans; car,
outre que cette cause est elle-même affoiblie dans son action par l'effet de la pression de l'atmosphère, il est à présumer,
d'après les faits déjà connus, que même au
milieu de l'hiver et pendant un tems fort
froid, l'air qu'on dégage des terres et pierres calcaires, des alkalis non caustiques,
des substances végétales, &c. s'étend encore au point de pouvoir occuper plusieurs
centaines de fois le volume de la matière qui
le contenoit.

378. Ainsi je crois être tout-à-fait fondé
à dire que l'air fixé dans les corps comme
principe constituant, y est dans un état de
condensation qui ne lui est point naturel,
et qu'alors son union avec les autres principes de ces corps, le retient dans une

sorte de contraction et lui ôte la faculté de jouir de l'élasticité qui lui est propre, et de s'étendre pour reprendre son état primitif, ou au moins l'état libre qui en est le moins éloigné, relativement aux modifications qu'il éprouve encore. De-là, je conclus que cet élément étant ainsi fixé et en très-grande abondance, peut concurremment avec les autres principes, rendre un composé dont il fait partie, plus pesant que si le volume de ce même composé étoit formé par une masse de terre pure.

379. Or, de même que le feu fixé, qui est très-abondant dans les métaux, rend ces matières extrêmement pesantes [372], et particulièrement plus qu'elles ne le seroient si elles étoient simples, quelle que fût leur nature ; de même aussi l'air et le feu en expansion qu'absorbent les matières que l'on calcine, se combinent dans les chaux métalliques en une quantité assez grande pour contribuer à rendre ces chaux plus pesantes que les métaux mêmes qui les fournissent. Cette grande quantité d'air fixé dans les chaux métalliques est constatée par les expériences des chymistes modernes, et principalement par celles que M.

Lavoisier a exposées dans les chapitres V
et VI de la seconde partie de ses opuscules
physiques et chymiques.

38o. Dans l'augmentation de poids des
chaux métalliques, voici ce qui se passe,
selon mon opinion. Lorsqu'on calcine un
métal, une partie du feu fixé de ce métal
se dégage et s'exhale ou se dissipe par la
colonne d'air ascendante. Mais au moment
du refroidissement, c'est-à-dire, de la diminution progressive du feu en expansion
appliqué, époque où la colonne ascendante
cesse d'avoir lieu, des portions de feu en
expansion non dissipées, se combinent avec
l'air environnant, et forment un gaz dont le
résidu du métal absorbe une quantité plus
grande que celle du feu fixé que ce métal
a perdu en se calcinant.

Il en résulte que si le métal, pendant sa
calcination, a perdu deux grains [en poids]
de feu fixé, et qu'il l'ait remplacé, en se
refroidissant, par six grains de gaz absorbé
et combiné avec sa substance, le poids de
la matière calcinée sera nécessairement aug-
menté de quatre grains.

38ı. Ainsi une chaux métallique capable d'être revivifiée, me paroît être une

matière dont plus de la moitié du composé qui la forme, se trouve être de la terre combinée avec une assez grande quantité de gaz qui a été absorbé dans le second tems de la calcination. Il s'y mêle aussi, je crois, une petite quantité de l'eau de l'atmosphère que cette chaux absorbe après son refroidissement.

—382. Lorsque la terre qui faisoit partie d'une matière combustible ou métallique, se trouve, par l'effet de la combustion ou de la calcination, dépouillée d'une portion du feu fixé qui étoit combiné avec elle, cette terre dans l'instant de son refroidissement est vraisemblablement dans un état particulier de modification et dans une sorte de non-saturation qui la rend alors capable de s'emparer de l'air ou du gaz, qui se trouve en contact avec elle, de l'absorber, et sans doute de le fixer dans sa masse. C'est ce qui arrive, ce me semble, aux chaux métalliques, et c'est encore ce qui a lieu à l'égard des cendres des matières combustibles brûlées à l'air libre. J'ai remarqué en effet, qu'il y a toujours de la différence entre ces cendres qui sont pesantes, salines et presque fluides, et celles nouvellement

formées, ou que l'on retire des poëles, qui,
en comparaison, sont beaucoup plus légères et bien plus terreuses.

*Le feu en expansion que l'on communique
à des vaisseaux fermés, y est nécessairement dans un état de repos, qui le rend
incapable d'opérer la calcination des métaux qu'on y expose, mais qui favorise
la revivification des chaux métalliques.*

383. Il y a une cause remarquable qui
me paroît rendre impossible la calcination
des substances métalliques dans les vaisseaux fermés, et à laquelle on n'a point
encore fait attention. En effet, quelle que
soit la violence du feu auquel on expose
ces vaisseaux dans lesquels on a mis les
matières qu'on veut calciner, ces vaisseaux
étant fermés, ne sont alors capables de recevoir dans leur intérieur qu'un feu inactif, qui ne se déplace point, et qui ne déplace rien, quelque considérable ou quelque
dense qu'il soit.

384. Dans les vaisseaux clos, le feu en
expansion qui y pénètre et qui s'y amasse,
n'en peut sortir qu'avec lenteur, et seulement lorsqu'on cesse d'en communiquer de

nouveau. Or, comme dans ces vaisseaux clos il ne peut se former de colonne d'air ascendante, tout le feu qui y pénètre, s'y trouve maintenu dans une sorte de repos, et n'opère aucun déplacement des parties entre lesquelles il pénètre. Ainsi le feu fixé des matières combustibles qu'on auroit mis dans ces vaisseaux clos, n'en peut nullement être dégagé.

385. Cela arrive ainsi, parce que le feu qui a pénétré dans l'intérieur des vaisseaux dont il s'agit, s'y amasse sans en sortir et sans y produire aucun mouvement, et que lorsque sa quantité se trouve parvenue jusqu'à un certain point, elle n'augmente plus, parce qu'elle fait obstacle à ce qu'il puisse entrer de nouveau feu. Or, le feu qui est dans ces vaisseaux, n'y forme alors aucun courant sensible, et n'a point par conséquent l'agitation ou le mouvement nécessaire pour pouvoir détruire l'union intime des principes constituans des métaux qui y sont contenus. Au lieu que ces mêmes vaisseaux étant ouverts, reçoivent tout le feu expansif qu'on leur applique, et le laissent aussi-tôt échapper par leur ouverture avec une liberté si grande, qu'il en résulte un courant rapide de feu très-dense, qui

se

se dissipe continuellement dans l'air. Aussi
ce feu en traversant ainsi avec violence la
matière qu'on veut faire calciner, se trouve
capable de détruire l'union de ses principes constituans, d'altérer leur combinaison,
et sur-tout les proportions dans lesquelles
ils se trouvoient en constituant son état métallique.

386. Quand on expose à l'action du feu
dans un vaisseau fermé, une chaux métallique que l'on se propose de revivifier,
le feu qui s'amasse par degré dans cette
chaux, acquiert à la fin un état de densité , propre à favoriser l'arrangement et
les proportions des principes qui doivent
constituer et reformer le métal, si sa revivification peut s'opérer sans addition. Or,
cette revivification ne se fait que parce
que la matière n'est point agitée par un
torrent de feu qui coule rapidement entre
ses parties , quoiqu'elle soit pénétrée par
une violente chaleur; enfin parce que cette
matière est remplie d'un feu presque sans
mouvement, quoique très-dense.

387. Il en est de cela à-peu-près comme
de la cristallisation des sels ou autres matières minérales ; le repos seul peut favoriser ces cristallisations : mais ici ce sont

Tome I.   V

pour la plupart des particules aggrégatives
qui ont besoin de repos pour s'arranger et
donner telle ou telle forme à la masse
qu'elles composent, ce qui n'influe point
sur la nature de la matière qui est dans
ce cas; au lieu que dans la revivification
des métaux, ce sont des molécules, principes qui ont aussi besoin d'un certain repos, pour s'assembler dans de certaines
proportions, s'arranger, se fixer et constituer la substance qu'on nomme *métallique*.

388. Il est aisé enfin de concevoir que
cette tranquillité du feu dans un vaisseau
clos, qui est cause qu'un métal calciné s'y
revivifie, est pareillement la cause qu'un
métal qu'on y expose, ne s'y calcine point.
Car, si cette tranquillité du feu dans les
vaisseaux fermés, est propre à favoriser
l'arrangement et les proportions des principes du métal qu'on veut revivifier, elle
doit être par conséquent incapable de troubler ou rompre ce même arrangement pour
opérer la calcination. En un mot, cette
sorte de tranquillité du feu dont il s'agit,
peut permettre la fixation du feu lui-même
et son union avec l'élément terreux lorsque celui-ci est dans un état favorable à
cette combinaison; au lieu qu'elle ne peut

produire le dégagement du feu fixé qui est dans l'état charbonneux, ni l'absorption du gaz dont les chaux métalliques se chargent constamment.

389. Les métaux ne sont pas tous de même sorte, ni de même nature [149 et 217]; il y a sûrement des différences entre eux, soit dans l'intimité d'union de leurs principes constituans, soit dans les proportions de ces principes, soit même dans leur nombre; puisqu'il y en a qui paroissent brûler et qui produisent de la flamme dans leur combustion. Il n'est donc pas étonnant d'après cela, que quoiqu'il faille à tous, un certain repos pour favoriser l'arrangement de leurs principes lorsqu'on les revivifie, qu'il y en ait qui puissent être revivifiés sans aucune addition, comme cela a lieu pour le mercure; tandis que d'autres ne le peuvent être que par l'addition de quelques substances particulières, qui leur fournissent en se décomposant, soit du feu dans un certain degré de condensation, qui seroit altéré s'il falloit que ce feu passe dans cet état à travers des parois du vaisseau, soit même plus vraisemblablement encore, du feu déjà combiné avec quelques principes particuliers nécessaires à la

constitution de ces métaux, et qui avoient pu leur être enlevés pendant leur calcination (1).

39o. Quant à ce que j'ai dit que l'air absorbé par les chaux métalliques, se combinoit auparavant ou en même tems avec du feu en expansion pareillement absorbé ou saisi [38o]; cela me semble prouvé,

---

(1) *Objection*. Tout cela dépend de la présence ou de l'absence de l'air, dont le libre accès et le contact renouvellé sont des conditions absolument nécessaires à toute combustion.

Réponse. Cela ne peut pas être ainsi, je le répète, puisque l'accès libre de l'air est d'autant plus empêché dans un vaisseau ouvert quelconque, que ce vaisseau contient plus de feu en expansion. C'est ce que je prouverai dans la suite [*voyez* page 3i3] : mais le sentiment que je propose sur la cause qui fait que les métaux ne se calcinent point dans les vaisseaux clos, est uniquement fondé sur *l'état de repos* dans lequel le feu contenu dans ces vaisseaux, se trouve nécessairement. Or, cette cause me paroît bien plus certaine que l'opinion qui établit que c'est le défaut d'air qui empêche alors la calcination. Car il est aisé de s'appercevoir que dans tous les cas possibles, une substance abondamment pénétrée et entourée de feu en expansion n'a plus aucune communication avec l'air libre, le feu qui environne cette substance y mettant un obstacle que rien ne peut vaincre.

1°. par les qualités salines qu'ont alors plusieurs de ces chaux; 2°. par leurs diverses couleurs; phénomènes qui me paroissent indiquer la présence du feu fixé, quoique dans différens états de combinaison, selon les différences de ces matières entre elles; 3°. enfin, par la calcination elle-même, qui, poussée à un degré capable d'enlever presque tout le feu fixé des chaux métalliques, les met hors d'état d'être revivifiées. En effet, on sait que dans toute revivification de chaux métallique, il y a toujours un déchet dans la quantité du métal qu'on a calciné, et que ce déchet est d'autant plus considérable, que la calcination du métal a été plus complète ou poussée plus loin. Or, les portions de chaux qui ne peuvent se revivifier, ne sont peut-être dans ce cas, que parce qu'elles sont trop dépouillées du feu fixé qui entroit dans leur combinaison, et qu'elles ne sont alors que de la terre presque pure, ou au moins d'une constitution beaucoup plus terreuse; aussi dans cet état sont-elles moins pesantes, et je présume qu'elles contiennent moins d'air ou de gaz fixé.

RÉSUMÉ DE CET ARTICLE.

Il suit de ce que j'ai exposé dans cet article, qu'il n'est point étonnant de trouver des matières composées, comme l'or, le mercure, &c. qui aient une pesanteur plus considérable, à volume égal, que la substance la plus pesante de la nature, observée dans le plus grand état de pureté qu'on lui connoisse, telle que le crystal de roche parfaitement net ; parce que les deux élémens compressibles, savoir le feu et l'air, ne peuvent entrer comme principes constituans dans aucun corps, qu'ils n'y soient dans un état de condensation beaucoup plus grand que l'état de rareté qui leur est naturel. A cet égard on a même pu remarquer par les phénomènes que j'ai déjà cités, que le feu est celui des deux élémens compressibles qui, étant fixé dans les corps, y est dans la contraction la plus grande, et par conséquent le plus éloigné de son état naturel. Aussi les phénomènes de son dégagement sont-ils très-violens et quelquefois même terribles, lorsqu'ils ont lieu par l'effet d'une quantité considérable de cette matière qui devient libre dans un seul instant [222].

Il suit encore de-là, que les chaux métalliques contiennent toutes de l'air ou un
gaz fixé dans leur substance, et par conséquent de l'air et du feu condensés, capables d'augmenter leur véritable pesanteur [233]. Cependant je ne pense pas
que ce soit à l'air seul que soit due l'augmentation de poids qu'on leur remarque,
lorsqu'on les compare avec les métaux d'où
elles sont provenues; car comme ce n'est
que dans le tems du refroidissement qui
suit leur calcination par le feu, que l'air
me paroît dans le cas de pouvoir se fixer
dans ces matières, je présume qu'il s'y
mêle toujours une certaine quantité d'eau
qui étoit contenue dans l'air, et que les
chaux métalliques s'en pourvoient plus ou
moins par ce moyen.

Enfin il suit en outre, que le feu en
expansion qui pénètre dans les vaisseaux
clos, ne s'y amasse que dans un degré
borné, quelle que soit la violence du feu
extérieur qu'on applique à ces vaisseaux;
et que ce même feu qui a pénétré dans
les vaisseaux dont il s'agit, et qui s'y est
amassé, ne les traverse qu'avec beaucoup
de lenteur et de difficultés, et qu'il est par
conséquent dans l'intérieur de ces vais-

seaux, dans un état de repos et d'activité presque nulle ; tandis que dans les vaisseaux ouverts, le feu peut y être amassé dans un degré de densité plus considérable, et que sur-tout il les traverse avec une extrême rapidité ; ce qui forme, comme on voit, une circonstance bien différente de celle qui concerne les vaisseaux fermés. D'après cette observation que je crois très-fondée et très-importante, il ne me paroît pas difficile de concevoir pourquoi les métaux ne se calcinent point dans les vaisseaux clos [383], pourquoi le charbon ne s'y brûle pas, et pourquoi le diamant s'y conserve. Tandis que dans les vaisseaux ouverts, les phénomènes du feu en expansion qui les traverse, sont tout-à-fait différens. En effet, les métaux s'y calcinent, le charbon s'y consume, et le diamant s'y dissipe totalement. Les moindres ouvertures suffisent même pour permettre la combustion de cette dernière substance, comme l'ont fait connoître les expériences de M. d'Arcet, qui est parvenu à faire dissiper des diamans enfermés dans des boules de pâte de porcelaine ; ce qui ne seroit sans doute point arrivé, si ces boules ne s'étoient fendillées ou félées par la force du feu, et n'eussent alors fait les fonctions de vaisseaux ouverts.

Il ne me sera pas difficile de prouver que ce n'est pas entièrement au défaut d'air que les vaisseaux clos doivent l'incapacité où ils sont de laisser calciner les métaux dans leur intérieur, lorsque l'on fera attention que les vaisseaux ouverts ne sont pas plus remplis d'air que les premiers, dans l'instant où ils sont pleins de feu en expansion. En effet, on peut faire sur des cornues de grès, à col long et étroit, une expérience analogue à celle de la boule de verre chauffée [252], et on se convaincra que plus un vaisseau ouvert est rempli de feu en expansion, moins il contient d'air. Or, comme la calcination ne s'opère que dans le tems où le vaisseau qui contient la matière qu'on veut calciner, est pénétré par un feu très-abondant et très-dense; on ne peut pas dire que ce soit par l'effet du contact ou du concours de l'air libre, que la calcination de cette matière réussit, puisque l'air en est alors violemment écarté de toutes parts.

Dans les vaisseaux ouverts, une partie du feu fixé des matières qui y brûlent, se dissipe par la colonne d'air ascendante [209],

et au moment du refroidissement ces matières absorbent un gaz (dit oxigène), et
alors la *calcination* est opérée. Mais dans
les vaisseaux clos, les matières les plus combustibles qu'on y exposeroit au feu en expansion le plus violent et le plus continu ,
n'y peuvent perdre aucune portion de leur
feu fixé, ni absorber aucun gaz. Ces matières ne peuvent donc y brûler, ni s'y
calciner.

CONCLUSION DE LA PREMIÈRE PARTIE.

Les matières dont j'ai traité dans cette
première partie de mon ouvrage, et les
propositions que j'ai osé y établir, concernent des objets d'une trop grande importance, pour que l'explication des principaux faits physiques que j'y ai exposés,
soit entièrement rejettée sans aucun examen, parce qu'elle ne s'accorderoit point
avec les opinions régnantes. Il me suffit
de pouvoir dire, pour justifier la hardiesse
de mon entreprise, que les principes que
je propose, me paroissent satisfaire beaucoup plus clairement et plus simplement à
tous les faits dont j'ai parlé, que ceux qu'on
paroît actuellement disposé à admettre.

En effet, si l'on examine avec attention tout ce que j'ai dit jusqu'à présent, qu'on en compare la liaison avec les faits nombreux que j'ai cités, et qu'enfin on en juge avec un esprit dégagé des préventions par lesquelles trop souvent on se laisse dominer sur ces matières ; on verra, je crois, que les corollaires suivans qui composent ma conclusion, peuvent être substitués avec un avantage sensible, à toutes les hypothèses qu'on a publiées jusqu'à ce jour sur les mêmes objets.

Corollaires tirés des six articles précédens.

Corol. 1. La matière n'est point homogène [7], puisqu'il y a des composés dans la nature ; il y a donc nécessairement plusieurs sortes de matières [11].

Corol. 11. Quel que soit le nombre des sortes de matières qui existent, il est clair que chaque sorte est une substance simple, et que toute substance simple qui est susceptible d'entrer dans la composition des corps, est un véritable élément.

Corol. 111. Qu'il soit donné à l'homme de pouvoir connoître les véritables élémens des corps ; c'est ce que je ne crois pas qu'on puisse solidement assurer. Mais toute substance qu'il trouve inaltérable, que ses facultés ne lui permettent jamais de décomposer, et que tous les phénomènes naturels ne lui offrent jamais dans une simplicité plus considérable, est, par rapport à l'homme qui l'observe, une substance qu'il peut considérer provisoirement comme un véritable élément, si elle peut faire partie constituante d'un corps quelconque, et qui en est peut-être un en effet.

Corol. IV. Parmi les substances simples qui entrent dans la composition des corps, il en est quatre bien clairement distinguées entre elles, qui n'ont jamais été décomposées d'une manière évidente, et que d'après le corollaire précédent, on est fondé à regarder comme quatre élémens particuliers. Ce sont le feu, l'air, l'eau (1) et la terre.

---

(1) L'eau, nous dit-on, est composée de la base de l'air vital [*l'oxigène*], unie avec la base de l'air inflammable [*l'hydrogène*], dans la proportion de six à un ; c'est-à-dire, que six parties *d'oxigène*, et une partie *d'hydrogène*, forment de l'eau par leur union. On cite, pour le prouver, quelques expériences dont l'authenticité n'est point douteuse ; mais j'avoue que les

Corol. v. La lumière seroit un cinquième élément, si elle faisoit partie constituante

---

conséquences qu'on en tire, le sont très-fort pour moi.

Je ne crois pas à la *production* de l'eau dans la combustion d'un mêlange d'air vital et d'air inflammable ; mais je crois très-fort que l'eau qu'on obtient dans cette combustion, n'est que dégagée de l'état de combinaison dans lequel elle se trouvoit auparavant, faisant alors partie constituante de chacun de ces deux gaz, quoique dans des proportions différentes. Voyez la note page 26.

Si, en mettant de l'eau sur de la limaille de fer, dans des vaisseaux fermés, l'eau après un certain tems, diminue en quantité, et s'il se forme alors de l'air inflammable : cela ne prouve point, selon moi, que l'eau qui manque a été décomposée ; que son *oxigène* prétendu est venu se fixer dans le fer, et l'a calciné ou oxidé ; et qu'enfin l'*hydrogène* prétendu de cette eau étant séparé de l'*oxigène,* s'est alors montré sous l'état d'air inflammable. Mais cela prouve pour moi, que le fer lui-même a été en partie décomposé par le contact de cette eau (*voyez* la deuxième Partie) : cela me prouve ensuite qu'une portion du feu fixé de cette limaille de fer, en se dégageant, n'est pas restée libre, et n'a point repris sa rarité naturelle ; mais que ce feu s'est combiné avec de l'air et un peu d'eau, et qu'il a formé avec ces substances un composé aériforme, qu'on a nommé *gaz inflammable,* parce que le feu fixé qu'il contient, étant abondant et n'ayant qu'une légère adhérence, le rend susceptible de brûler.

des composés qui sont dans la nature; mais j'en doute. Je la crois répandue par-tout, pénétrant tous les corps mêmes les plus opaques. Mais quand elle est en mouvement, les uns s'en laissent traverser sans l'arrêter, ce sont les corps diaphanes; les autres la réfléchissent toute entière, ce sont les corps blancs; les autres l'absorbent et éteignent son mouvement par le mode dont ils la reçoivent, ce sont les corps noirs; enfin les autres la réfléchissent en partie et l'absorbent en partie, ce sont les corps colorés. [Voyez *la troisième Partie.*]

Corol. VI. Le feu est une substance simple, qu'on peut parfaitement distinguer de l'air, de l'eau et de la terre par les phénomènes qu'elle produit; en effet, ces phénomènes qui sont, pour ainsi dire, innombrables, ne peuvent être occasionnés par aucun des trois autres élémens en particulier, ni par l'effet de ces mêmes élémens combinés ensemble. Pour juger des véritables causes des phénomènes dont je veux parler, il faut considérer le feu dans les différens états dans lesquels il se trouve continuellement dans la nature : or, ces états du feu se réduisent à trois principaux, dont la connoissance est indispensable pour l'intelligence de la plupart des faits physiques. Le premier est celui qui est dans l'essence de cet élément, et qu'on nomme *son état naturel;* le second est son *état fixé* (*le carbone* des chymistes modernes), c'est-à-dire, l'état particulier dans lequel il est, lorsqu'il fait partie d'un corps comme principe constituant; enfin le troisième est son *état d'expansion* (*le calorique* des chymistes pneumatiques) : c'est un état particulier dans lequel le feu se trouvant éloigné de celui qui lui est naturel, jouit cependant de la liberté de s'y remettre, et déploie en effet tous les efforts dont il est capable pour y parvenir.

Corollaires relatifs à l'état naturel du feu dans la nature.

Corol. VII. L'état que le feu conserve, lorsqu'étant parfaitement libre et n'éprouvant point d'action de la part des autres sortes de matières, il ne fait aucun effort pour en changer, doit être regardé comme son état naturel [67]. Or, les phénomènes du feu en expansion [69] prouvent que l'état naturel de cet élément est celui de sa plus grande rarité possible, puisque les divers degrés de condensation que lui font acquérir les causes qui peuvent altérer son état naturel, sont pour lui autant d'états violens et forcés qu'il perd en s'étendant par sa propre faculté, aussi-tôt qu'il devient libre, et qu'il ne garde qu'autant que les causes qui le lui ont procuré, ou qui le retiennent, continuent d'agir. Ce qui prouve incontestablement cette assertion, c'est que plus le feu qui étoit condensé et qui est devenu libre, a fait de progrès dans sa dilatation, plus sa force expansive, c'est-à-dire, la faculté qu'il avoit alors de s'étendre, est diminuée ; de sorte que lorsqu'il a acquis la grande rareté qui est dans son essence, sa force expansive est alors tout-à-fait nulle. Enfin cette rareté est la plus grande qu'il puisse acquérir ; car toutes les causes capables d'agir sur cet élément ne font que le condenser et ne le dilatent jamais.

Corol. VIII. Ainsi le feu dans son état naturel est un fluide [58] d'une ténuité inexprimable [61], pénétrant aisément tous les corps, et se trouvant par conséquent répandu uniformément par-tout [62], n'étant point actif par lui-même, ni continuellement en mouvement, comme on l'a avancé

[65

[65 et 130], n'agissant point sur les corps,
si ce n'est par sa masse [63], ne produisant point la chaleur, n'ayant ni causticité, ni saveur, ni odeur, ni couleur quelconque [64], et jouissant d'une élasticité
proportionnée à l'état de condensation qu'il
peut acquérir, et dont les effets peuvent
être prodigieux [66, 156 et 222].

Corollaires relatifs à l'état du feu fixé dans les corps.

Corol. ix. L'état fixé du feu, c'est-à-
dire, l'état dans lequel il se trouve, lorsqu'il fait partie constituante d'un corps,
est bien différent de celui qui lui est naturel. En effet, les phénomènes de l'expansion qu'on lui observe toutes les fois qu'il
se dégage des corps dont il faisoit partie,
prouvent que le feu fixé qui est dans les
corps, y est dans un état de contraction
et de condensation très-considérable [72];
et que c'est sans doute son union avec les
autres principes de ces corps, qui le retient et lui ôte la faculté de s'étendre et
de perdre la densité forcée qui l'éloigne
de son état naturel; puisqu'aussi-tôt que
cette union est détruite, ce feu auparavant

Tome I. X.

fixé, jouit alors d'une force expansive qui le porte à se dilater et à déployer contre les corps environnans, qui lui font obstacle, les efforts qu'il est contraint de faire pour recouvrer l'état de rarité qui est dans son essence.

Corol. x. L'état du *feu fixé* dans les corps est susceptible d'un nombre infini de modifications qui communiquent à ces corps des qualités et des propriétés dont la variété est inexprimable. En effet, quoique dans tous les cas dont il s'agit, ce soit toujours du *feu fixé,* c'est-à-dire, du feu non libre et dans un état de condensation considérable, la manière dont ce feu est combiné dans les corps, ses divers degrés d'union avec leurs autres principes, la force plus ou moins grande avec laquelle il se trouve retenu et comme engagé, et enfin sa quantité ou moindre ou surabondante, relativement aux proportions des autres principes, constituent et les diverses couleurs des corps (*voyez* la troisième Partie), et toutes les nuances possibles depuis l'insipidité parfaite, jusqu'à la plus violente causticité. (Voyez *l'Article II de la seconde Partie.*)

Corollaires relatifs à l'état du feu en expansion.

Corol. XI. Le troisième état du feu, celui que je nomme *son état d'expansion*, celui qui est le plus remarquable par les phénomènes, pour ainsi dire, merveilleux qu'il produit, celui en un mot qui étoit le plus facile à connoître, est cependant celui qu'on a le moins connu, et qui fut toujours mal saisi, quoiqu'il ait occasionné une infinité de conjectures. J'appelle *feu en expansion* [69], celui qui, se trouvant dans un état de condensation qui ne lui est point naturel, est néanmoins libre, par conséquent jouit alors de la faculté qu'il a de s'étendre lorsqu'il est condensé, et déploie effectivement dans ce cas, tous les efforts dont il est capable, pour vaincre la résistance que les corps environnans font à sa dilatation [70 et 157]. Le feu qui est fixé dans les corps (*corol.* IX.) n'est point dans un état d'expansion, parce qu'il n'est point libre et qu'il ne jouit point de la faculté qui le porteroit à s'étendre, s'il étoit dégagé; et le feu qui est dans son état naturel (*corol.* VII.) n'est point non plus dans

un état d'expansion, parce qu'il n'a en lui-
même ni activité [65], ni faculté répulsive, ces qualités n'ayant été supposées que
parce qu'il falloit suppléer, dans l'explication des faits, aux connoissances qu'on
n'avoit point alors. Aussi, plus le feu qui
est en expansion, a fait de progrès dans
sa dilatation, moins, comme je l'ai déjà dit,
sa force expansive est considérable; et elle
est tout-à-fait nulle dans son état naturel.

Corol. *XII.* Le feu qui se dégage des
corps pendant leur combustion, celui qui
devient libre, et s'en échappe pendant la
fermentation [295] et les effervescences
[310], celui enfin qui est rassemblé, amassé
et comme accumulé, soit par le frottement
des solides entre eux [313], soit par les
chocs multipliés des particules de lumière
contre les corps qui s'opposent à leur passage [332], offrent des exemples frappans
de l'état d'expansion du feu, fournissent
les preuves les plus convaincantes des efforts que ce feu libre fait pour se dilater,
de la faculté éminemment *répulsive* que lui
donne son état d'expansion, et enfin rendent raison d'une manière solide, des altérations qu'il cause aux corps environnans [73], qui font une résistance plus ou

moins grande à son extension, et qu'il est contraint de pénétrer.

Corol. XIII. Comment donc a-t-on pu jusqu'à présent, lorsqu'on est proche d'un grand embrasement, ou devant un poële rempli de matières enflammées, méconnoître la présence du feu en expansion, c'est-à-dire, ne pas s'appercevoir de la présence d'un fluide très-pénétrant, qui s'échappe continuellement des substances embrasées qui se détruisent [art. III]; d'un fluide qui, aussi-tôt qu'il est dégagé, va toujours en se dilatant, modifie tout ce qui l'environne et qui s'oppose à son extension ou la retarde; d'un fluide, en un mot, qui, pour parvenir à s'étendre, écarte tout, divise tout, agrandit les interstices des corps qu'il pénètre dans cet état [246], vient à bout de rompre l'union de leurs molécules aggrégatives, d'où résulte la perte de leur solidité, et parvient même à séparer leurs principes constituans, et par conséquent à décomposer ces corps, s'ils sont suffisamment exposés à son action répulsive ?

Corol. XIV. Comment enfin a-t-on pu voir les ondulations remarquables que ce fluide en expansion forme autour des poëles échauffés ou au-dessus d'un terrein aride

[349], dont la superficie est exposée à l'impulsion d'une vive lumière, sans reconnoître l'existence de cette matière expansive, dont la faculté de s'étendre, lorsqu'elle est libre, est toujours en raison directe de sa densité non-naturelle, et en raison inverse du progrès de sa dilatation? Comment, en un mot, a-t-on pu ne pas s'appercevoir que c'est encore la même matière en expansion qui traverse un vaisseau que l'on expose sur des corps embrasés, pour faire chauffer l'eau, ou toute autre liqueur dont on l'a rempli; que c'est à l'effort expansif de ce fluide pénétrant que sont dues les petites fentes ou félures multipliées qui se forment dans la substance de la partie inférieure de ce vaisseau, s'il est de terre, et sur-tout dans son émail, s'il est de fayance; que c'est ce même fluide qui, s'amassant peu à peu dans l'eau que ce vaisseau contient, en fait sortir d'abord, mais petit à petit, l'air qui étoit dans cette eau, en dilatant cet air; que pendant cette expulsion d'air, le fluide très-pénétrant dont il s'agit, s'amasse de plus en plus dans cette eau, parce qu'il trouve plus de résistance à s'étendre dans l'air qui la domine [207 et 261]: aussi devient-elle continuellement plus chaude,

qu'à la fin il se trouve un point où cette eau
ne peut plus s'en charger davantage : qu'a-
lors toute la quantité du fluide en expansion
qui entre sans cesse dans le vaisseau par les
pores ou par les félures de sa partie inférieure, ne pouvant plus s'arrêter dans l'eau
qui en est déja surchargée, traverse cette
eau, comme un torrent ou comme un jet
rapide, et la soulève de toute part, en se
frayant un passage, et en faisant bondir les
portions soulevéés de sa masse, à mesure
qu'il en sort et s'échappe au travers de l'air,
dont il peut alors vaincre la résistance. Le
fluide en expansion, dont je viens de citer
des effets assez connus, n'est donc point un
être supposé, ni un être admis sans autre
fondement que l'appui d'une hypothèse ingénieuse ; c'est au contraire une matière
dont toute la nature atteste l'existence, une
matière par conséquent qu'il est facile de
faire connoître avec évidence, et dont on
peut démontrer la présence dans mille cas
différens ; une matière enfin dont les effets
cessent la plupart de paroître merveilleux,
depuis qu'on connoît la cause simple qui les
occasionne (1).

____

(1) A tous ces faits cités et bien connus, à ces pro-

Corol. xv. Lorsqu'un être vivant animé, se trouve dans la sphère active de ce fluide en expansion, toutes les parties de son corps, et particulièrement celles qui forment sa surface extérieure, sont bientôt pénétrées par ce fluide qui, en s'étendant, ne surmonte les obstacles que les corps environnans font à sa dilatation, qu'en pénétrant ces mêmes corps, et les modifiant par sa force expansive. Les parties de cet animal éprouvent donc alors nécessairement dans leur substance un écartement particulier, qui produit la sensation connue, qu'on nomme chaleur [161]. Or, comme l'animal dont il s'agit, peut se trouver à une distance assez grande du lieu même où le feu se dégage, pour n'être touché et pénétré que par un feu qui a déjà fait beaucoup de progrès dans son expansion, et qu'il peut être

---

positions claires et déterminées, les chymistes pneumatiques répondront sans doute (car ils compromettroient leur théorie, s'ils entroient dans la moindre discussion sur tous ces objets).

Toutes ces assertions sont trop vagues ; elles ressemblent trop au langage inexact et incertain des premiers tems de la physique ; et elles sont trop éloignées des expériences et de toutes démonstrations, pour qu'elles nous paroissent devoir mériter une discussion soutenue.

aussi tellement près du point où le feu se dégage, qu'il soit alors exposé à l'action d'un feu très-dense., dont l'expansion n'a point encore eu le tems de faire de grands progrès; on sent en conséquence que la sensation appellée chaleur, est susceptible de divers degrés d'intensité; et qu'elle comprend toutes les nuances depuis la chaleur la plus douce (qui n'est due qu'à un écartement léger dans la substance de l'animal qui l'éprouve, d'où naît en lui une sensation qui lui paroît agréable, parce que cet écartement et la foible irritation qui l'accompagne, le ranime pour ainsi dire, et favorise le mouvement vital qui le fait exister) jusqu'à la brûlure la plus destructive et la plus cuisante, qui cependant n'est due qu'à la même cause qui produit la chaleur douce dont je viens de parler, mais qui est l'effet d'une plus grande intensité dans son action.

Suite des corollaires tirés des huit Articles de cette première Partie.

Corol. XVI. C'est à l'élément du feu, comme il est facile de s'en convaincre, qu'il faut rapporter les phénomènes violens qui s'observent dans la destruction de certains corps ; phénomènes qu'on a attribués jusqu'ici mal-à-propos à d'autres substances, et qui ne dépendent que de la prodigieuse expansibilité dont jouit cet élément aussi-tôt qu'il est dégagé des corps dans lesquels il étoit fixé. Tels sont, par exemple, les combustions subites [222], comme l'inflammation de la poudre à canon, et celle de la poudre et de l'or fulminant, la détonnation du nitre, la décrépitation du sel marin, &c. L'air principe que contiennent ces substances peut bien contribuer, par la prompte dilatation qu'il éprouve lui-même, à augmenter les phénomènes de ces combustions ; mais il n'agit que comme cause secondaire, et il ne produiroit, si son dégagement de ces matières se faisoit sans celui de leur feu fixé, que des phénomènes peu remarquables. Il faut encore rapporter à l'expansion du feu, le souffle violent de l'éolipile et la force très-considérable de l'eau réduite en vapeurs [282].

Corol. XVII. L'air s'oppose fortement à l'expansion du feu [49 et 207], lui refuse tout passage ou moyen de s'étendre lorsqu'il est condensé, quoique libre, et s'en laisse difficilement pénétrer, jusqu'à ce qu'il en soit dilaté lui-même. L'air est donc nécessaire à la combustion des corps, puisqu'en s'opposant à la dilatation du feu libre [208], il force ce feu en expansion de rester appliqué contre ces corps, et de les détruire par l'effet des efforts qu'il fait pour se dilater, efforts dont ces mêmes corps supportent nécessairement une partie. Dans le vuide [213], ce feu appliqué se seroit étendu sur le champ sans éprouver de résistance, et n'auroit point agi par conséquent sur les corps dont je viens de faire mention, quelle que fût leur nature ou la facilité de leur embrasement.

Corol. XVIII. Le frottement des corps solides entre eux [314], et les chocs des particules de lumière contre les corps qu'elles ne peuvent traverser [332], ont la faculté de déplacer le feu qui est dans son état naturel, de le refouler sur lui-même, de le rassembler, de le condenser, et de le mettre dans un état d'expansion. On conçoit d'après cela que le globe de la terre ne doit jamais être dépourvu de chaleur [287], c'est-à-dire de feu condensé jouissant de la faculté de s'étendre; car l'astre qui lance sur ce globe la lumière dont il est éclairé, agit continuellement sur une des moitiés de sa surface, quoiqu'il n'éclaire que successivement ses différentes régions [207]. Il se produit donc en tout tems, à la surface du globe, une quantité de feu en expansion, dont une partie pénètre dans sa masse et constitue sa température, tandis que l'autre se dissipe dans l'atmosphère.

Corol. XIX. Si la lumière suffit pour revivifier des chaux métalliques, il ne faut pas dire que c'est en se combinant elle-même qu'elle produit cet effet. La lumière n'est point le feu [327], et ne le contient point soit dans l'état fixé, soit en aucune autre manière; mais elle donne lieu à la fixation du feu, en éloignant cet élement de son état naturel, en le condensant et en le mettant sans césse dans le cas d'être saisi par les autres principes avec lesquels il peut alors se combiner. En effet, le feu fixé qui se produit par l'intermède de la végétation, [voyez *la cinquième Partie*], ne se formeroit vraisemblablement point sans le secours de la lumière. On sait que les plantes languissent, s'altèrent et s'étiolent lorsqu'elles sont long-tems dans l'obscurité; et si, dans les lieux couverts, on les voit se pencher et se tourner vers les espaces libres, c'est moins le grand air qu'elles cherchent, que la lumière dont elles ont absolument besoin pour leur développement naturel. Or, comme c'est à la présence du feu fixé dans les corps que ces mêmes corps doivent leurs diverses couleurs [*corol.* x], il est évident que la lumière se trouve être la cause nécessaire et déterminante de la *coloration* des corps ; mais elle n'en est point la cause efficiente ou productrice, puisque ces couleurs ne sont dues qu'à l'état du feu fixé que ces corps contiennent, état qui permet la réflexion de tel ou tel rayon seulement, et qui absorbe tous les autres, ou détruit leur mouvement [*corol.* v].

Corol. xx. Enfin, si la lumière est la cause déterminante de la coloration des corps, en contribuant à la fixation du feu, elle est aussi la cause du développement, et ensuite de la dégradation de leurs couleurs. On trouvera rassemblé dans l'excellent mémoire que M. Opoix a publié sur ce sujet, un grand nombre d'observations qui prouvent ce que j'avance. Mais dans le cas dont il est question, ce n'est point encore la lumière qui agit sur les parties colorantes des corps, c'est le feu en expansion qu'elle amasse sur ces corps par la vive et continuelle impulsion qu'elle y forme, ne pouvant les traverser. Or, ce feu libre expansif altère la combinaison du feu fixé dans les corps, par la même cause que le feu en expansion de nos foyers altère le feu principe d'un morceau de pain que l'on y fait rôtir [320]. Cette altération forme d'abord un commencement de dégagement ou de moindre combinaison du feu fixé, ce qui produit un développement de couleur; mais par la suite elle occasionne un dégagement réel, quoiqu'insensible, et une dissipation de feu fixé, ce qui cause par conséquent une dégradation manifeste dans la couleur du corps qui l'a subi. C'est un fait assez connu qu'une vive lumière efface peu à peu les belles couleurs des étoffes et des meubles des appartemens qui y sont exposés trop long-temps.

Corol. xxi. Le frottement que les molécules des fluides peuvent éprouver les unes contre les autres, ou celui que ces mêmes molécules peuvent subir contre les solides mêmes, est nécessairement trop foible dans tous les cas possibles [321], pour pouvoir déplacer le feu qui est dans son état naturel, le mettre en expansion, et, en un mot, produire de la chaleur. Or, si dans toute décomposition subite, et dans toute combinaison nouvelle entre deux composés qui s'unissent [298 et 299], on observe toujours une production de chaleur plus ou moins grande, cette chaleur n'est point l'effet d'aucun frottement qui l'a fait naître; elle est due au contraire au dégagement du feu fixé des matières qui se décomposent, ou seulement d'une portion du feu fixé de celles qui forment une combinaison nouvelle en s'unissant. C'est ainsi, par exemple, que dans la prompte décomposition de la chaux vive, sur laquelle on jette de l'eau, et dans la combinaison nouvelle qui se forme lorsqu'on unit un des acides minéraux concentrés avec une substance métallique [312], il se dégage du feu fixé en abondance, qui dans l'instant se trouve en expansion et produit une chaleur considérable.

Corol. XXII. La chaleur animale elle-même [297 à 307] est le produit d'un dégagement continuel d'une partie du feu fixé du sang, et ce feu fixé est, malgré cela, toujours entretenu dans les proportions qui sont essentielles à la constitution de ce précieux fluide, parce qu'il lui est sans cesse fourni par le chyle, et par conséquent par la voie des alimens dont les animaux se nourrissent. Cette opinion ne parut point du tout méprisable aux yeux de Franklin;

ce qu'on peut voir en consultant sa lettre sur le froid produit par l'évaporation; et elle fut depuis proposée par Dugud Leslie, docteur en médecine: mais aucun de ces deux savans ne me paroît l'avoir développée comme il convenoit, pour en rendre le fondement sensible. Ils ont négligé de faire connoître que ce dégagement continuel de feu fixé, qui produit dans toutes les parties de l'animal une chaleur toujours à-peuprès égale, dépendoit réellement, comme je crois l'avoir prouvé, de l'existence d'un état continuel de composition [304] et de décomposition [305] du sang; et que pendant la santé de l'animal cet état de composition et de décomposition continuelle, étoit réglé de manière qu'il existoit un parfait accord [302] entre la force composante qui change le chyle en sang, et la force de décomposition qui produit les matières particulières qui doivent être ensuite séparées et filtrées par les glandes. Ces considérations sont d'autant plus essentielles, qu'elles sont évidentes, et j'ose dire susceptibles d'une véritable démonstration, et qu'elles seules peuvent rendre raison des phénomènes importans qui concernent la chaleur animale.

Corol.

« *Coról.* XXIII. Il ne me paroît pas que l'on soit fondé à dire que la production de chaleur dans l'animal augmente en proportion du froid de l'air de l'atmosphère, afin de suppléer à une plus grande perte de chaleur, qu'on prétend que l'animal fait dans ce cas. Il suivroit de là, par exemple, que la chaleur de l'air environnant étant de 15 degrés, et celle de l'animal de 30, il faudroit conclure que la production de chaleur en lui n'est alors que de 15 degrés. Cette production de chaleur seroit ensuite de 30 degrés, selon cette opinion, si la température de l'air atmosphérique étoit à zéro ; et enfin, elle seroit nulle, si la température de l'air environnant se trouvoit à 30 degrés au-dessus de la congélation, c'est-à-dire au même terme que celle de l'animal qui auroit cette chaleur comme naturelle. Mais les choses ne se passent point ainsi ; car de même que la quantité de feu fixé qui se dégage dans l'animal, que je suppose dans l'état de santé, est dans tous les temps à peu près la même, parce qu'il se trouve toujours, comme je viens de le dire, un accord remarquable entre l'état de composition et celui de décomposition continuel de sang, et qu'il n'y a d'autres variations à cet égard, que celles qui peuvent naître des différences de l'âge, du mouvement ou du repos, des passions, &c. de même aussi la dissipation de la chaleur naturelle d'un animal, se fait toujours avec un degré de vîtesse qui est à peu près le même dans tous les temps, sans que cette vîtesse puisse varier dans la proportion des différences souvent très-considérables qui se trouvent entre la chaleur de cet animal et celle de l'air atmosphérique qui l'environne.

Corol. XXIV. En effet, d'une quantité toujours à peu près égale de feu dégagé, résulte un degré de chaleur toujours presque le même dans les animaux de même espèce; mais cette chaleur continuellement produite, met toujours un certain temps à se dissiper, quelle que soit la température de l'air environnant, parce que les tégumens communs de l'animal, savoir le tissu graisseux, la peau, l'épiderme, et enfin les poils ou les plumes, sont des substances non conductrices du feu libre [196], des substances, en un mot, qui retardent l'expansion du feu, et qui empêchent la trop prompte dissipation de la chaleur qui est naturelle aux divers animaux. Aux sages précautions de la nature, l'homme ajoute encore un moyen qui lui est particulier, et que l'habitude lui a rendu nécessaire ; il se couvre de vêtemens, et comme l'a très-bien dit Franklin, il réussit d'autant plus à retarder la dissipation de sa chaleur naturelle, qu'il emploie des vêtemens moins conducteurs, tels que les étoffes de laine, les fourrures, &c. L'air lui-même est un mauvais conducteur du feu, sur-tout lorsqu'il n'est point chargé d'humidité ; et l'on sait que l'on est beaucoup moins affecté d'un très-grand froid, l'air étant bien sec, que d'un froid moins considérable, l'air étant très-humide. La très-grande chaleur paroîtroit, d'un autre côté, annoncer un danger plus certain pour l'homme et les autres animaux, que celui qui naît des grands froids. Lorsque, par exemple, la température de l'air qui l'environne, est beaucoup au-dessus du terme de sa chaleur naturelle, il semble que cette chaleur devroit alors augmenter en proportion, ce qui produiroit bientôt un dérangement destructeur dans ses organes : mais sa transpiration occasionne une évaporation continuelle qui entretient la dissipation de sa chaleur surabondante, et qui conserve celle qui lui est

Y 2

naturelle, dans des proportions convena-
bles.

Corol. xxr. Tout me semble confirmer
que la matière électrique est identique avec
celle du feu [260 et *obs. p.* 255], et qu'elle
n'en diffère que par quelques modifications
dont on ne connoît pas encore la nature ;
que cette matière, dans son état naturel,
est fort raréfiée et pénètre aisément tous
les corps ; ce qui fait qu'elle se trouve répandue uniformément par-tout, et que le
frottement de certains corps contre d'autres, ne nous la rend sensible que parce
qu'il a la propriété de la déplacer, de la
rassembler et de la condenser. Elle est
alors dans un véritable état d'expansion,
tendant à se remettre dans son état naturel
et luttant contre les corps qui lui refusent
un passage, et sur-tout contre l'air environnant qui résiste à son extension. Certaines substances favorisent parfaitement
sa dilatation ; et comme les fluides ont
éminemment cette faculté, la matière dont
il s'agit traverse si facilement, lorsqu'elle
est condensée, le corps des animaux par
le moyen de leurs fluides, qu'elle ne forme
qu'une secousse, sans causer l'altération
particulière dans les solides qui produit la

sensation connue sous le nom de chaleur,
comme fait le feu en expansion. Enfin, la
matière électrique a, comme celle du feu
[344], lorsqu'elle est dans un certain état
de densité, la faculté de lancer la lumière
et de la rendre visible.

Corol. XXVI. Si certains corps sont de
mauvais conducteurs de la matière électrique, comme le verre, la résine, la soie,
la laine, les poils, &c. il paroît que ce
phénomène est dû à une adhérence particulière, que cette matière contracte facilement avec la substance de ces corps,
ce qui fait qu'elle ne glisse point dans ces
mêmes corps ni sur leur superficie, avec
l'aisance qui est nécessaire pour favoriser
son extension. Aussi les corps dont je parle,
sont-ils, par cette raison, les seuls vraiment
propres à déplacer la matière électrique
par leur frottement, à l'amasser et à la
condenser; au lieu que les autres corps,
comme les substances métalliques et les
fluides visibles, la laissent trop aisément
s'étendre sans la retenir par aucune sorte
d'adhérence, en sont de bons conducteurs,
et ne peuvent par conséquent l'amasser
suffisamment par leur frottement pour nous
la rendre sensible. Elle attire la matière

en général, et en est elle-même attirée; ce qui fait que le corps sur lequel elle se trouve amassée, s'approche d'un autre corps voisin qui est d'un plus grand volume, ou fait approcher de lui ce même corps, si son volume est moins considérable, afin de partager avec lui sa quantité de fluide expansif. La répulsion ensuite des deux corps qui naît après ce partage, n'est qu'un phénomène de l'expansion de la matière électrique condensée, et non une qualité propre à cette matière. La matière dont il est ici question, étant amassée et condensée sur un corps, rend raison de ce qu'on nomme *électricité positive*; ainsi ce corps peut être considéré comme étant électrisé positivement. Mais qu'est-ce que l'électricité négative? A-t-on prouvé qu'il fût possible que des corps ne contiennent point de matière électrique dans son état naturel?

FIN DE LA PREMIÈRE PARTIE.

APPENDIX (1).

Exposition de plusieurs expériences très-curieuses, par lesquelles la matière du feu (en expansion) est rendue visible.

POUR compléter les preuves de l'existence de la matière du feu, dont j'ai traité dans cette première partie de mon ouvrage, et confirmer son état d'expansion par des observations particulières, qu'on soupçonnera d'autant moins de partialité, qu'elles n'ont pas été faites par moi, ni pour établir des principes semblables aux miens; je crois devoir donner ici, à ceux

______

(1) Cet appendix ne faisoit nullement partie de mon ouvrage; car il n'étoit pas composé quand j'ai livré mon manuscrit à l'impression; mais il a été fait depuis, et placé ici par deux motifs : 1°. parce que les expériences qu'il cite, quoique déjà publiées, n'étoient point accompagnées de leurs véritables conséquences; 2°. parce qu'étant convenable d'égaliser les volumes de cet ouvrage, et que cependant le premier ne traitant que de ce qui a rapport à la matière du feu, il eût été dommage de commencer dans les dernières pages, à y traiter un autre sujet.

Y 4

de mes lecteurs qui ne les connoissent pas,
une idée succinte de plusieurs expériences
ingénieuses, consignées dans un ouvrage
qui a pour titre : *Découvertes sur le
feu, l'électricité, et la lumière,
constatées par une suite d'expériences nouvelles* (1). J'ajouterai à la suite de chaque
fait, les réflexions qui me paroissent propres à en faire sentir les véritables conséquences, et leur liaison avec les principes
que j'ai établis.

Voici d'abord ce qu'on dit de cet ouvrage, dans le rapport qu'en firent à la ci-
devant académie des sciences, les commissaires nommés pour l'examiner, et devant
qui on répéta les expériences.

« Il renferme plus de cent vingt expé-
» riences, qui toutes, ou au moins la plus
» grande partie, ont été faites par un moyen
» nouveau, ingénieux, et qui ouvre un grand
» champ à de nouvelles recherches dans la
» physique. Ce moyen, c'est le microscope
» solaire.

» Jusqu'ici on n'avoit employé cet ins-

---

(1) Cet ouvrage, imprimé en 1779 [vieux style],
chez *Clousier*, rue S. Jacques, est sans nom d'auteur ;
mais je crois qu'il est du patriote MARAT.

» trument que pour de petits objets, dont
» les images se trouvant fort grossies par
» son effet, deviennent par-là plus faciles
» à appercevoir, et peuvent être facile-
» ment dessinées.

» L'auteur du mémoire l'a employé à
» faire voir d'une manière sensible, diver-
» ses émanations qui, sans son moyen, ne
» pouvoient pas être apperçues, ou qui ne
» l'avoient pas été d'une manière aussi claire
» et aussi distincte.

» Pour cet effet il adapte au volet d'une
» chambre obscure, un microscope solaire
» armé de son objectif, et il reçoit les
» rayons divergens du soleil à l'ordinaire,
» sur une toile ou sur un chassis de pa-
» pier; il présente ensuite le corps, dont
» il se propose d'observer les émanations,
» à une certaine distance du foyer, et dans
» un point tel, que l'image ou plutôt l'om-
» bre de ces émanations, soit la plus dis-
» tincte et la plus sensible ». Mais voyons
maintenant comment il opère.

L'auteur prétendant que la chaleur n'est
que le résultat du *fluide igné en mouve-*
ment, propose les expériences suivantes,
pour démontrer à l'œil même, ce fluide
igné.

« Quand on adapte le microscope solaire
» monté de son seul objectif au volet d'une
» chambre obscure [*exp. 1*], et qu'on place
» la flamme d'une bougie dans un point
» convenable (1) du cône que forment les
» rayons du soleil devenus divergens ; on
» voit sur la toile s'élever autour de la
» mèche , un cylindre alongé , diaphane,
» ondoyant. Dans ce cylindre, on distingue
» l'image de la flamme : elle paroît sous la
» forme d'une navette rousse, qui en cir-
» conscrit une autre moins colorée , au cen-
» tre de laquelle brille un petit jet fort
» blanc (2) : ce cylindre est bordé d'une
» raie brillante , à l'exception du sommet
» qui se divise en plusieurs jets tourbil-
» lonnans , bordés chacun d'une raie bril-
» lante plus petite ».

Il est évident , d'après ce que j'ai dit
sur la combustion (3), 1°. que le petit jet
fort blanc qui brille au centre de la flam-

---

(1) Ce point est à plusieurs pieds du foyer.

(2) « Lorsque les filamens de la mèche sont désunis,
» ce jet se divise en plusieurs ». Au lieu d'un seul, ce
sont alors plusieurs courans de feu nouvellement dégagé de l'état de combinaison.

(3) Voyez les paragraphes 205 et suivans.

me, est le courant de feu nouvellement dégagé de la cire (si c'est une bougie, ou du suif si c'est une chandelle), dans laquelle ce feu étoit fixé comme principe constituant ; 2°. que la flamme qui entoure la mèche, sous la forme d'une navette roussâtre, est la masse de feu en expansion appliqué, qui produit la combustion de la cire, après l'avoir mise en fusion et avoir pénétré entre ses principes constitutifs ; 3°. que la raie brillante qui circonscrit cette masse de feu en expansion, sous la forme de navette, indique la partie la plus dense et la plus pure de ce feu en expansion qui, se portant toujours à l'extérieur pour s'étendre, se trouve à la circonférence du cylindre conique qu'il forme, contenu et resserré par l'air environnant [49 et 76] ; qu'alors cette matière expansive trouvant moins de pression et moins d'obstacle au sommet du cône, qu'à sa base et sur les côtés, elle s'échappe par cet endroit en plusieurs jets tourbillonnans, s'étend, modifie l'air, et forme la colonne d'air ascendante que j'ai décrite [209 à 211], et assignée à toute combustion qui ne s'opère pas en un instant indivisible.

« Lorsqu'à la flamme d'une bougie on

» substitue un charbon embrasé [*exp.* 2],
» un fer rouge, &c. on voit leur ombre
» environnée d'une raie brillante, et sur-
» montée d'une touffe de jets moins bril-
» lans, mais formant de même mille vire-
» voltes ».

La raie brillante qui environne l'ombre
des corps mis en expérience, indique évidemment le feu en expansion qui pénètre
ces corps, et est amassé autour d'eux; que
l'air environnant resserre et contient de
toutes parts, mais qui cède au sommet,
où ce feu en expansion s'échappe en formant une touffe de jets tourbillonnans.

« Si à ces corps incandescens on en subs-
» titue d'autres [*exp. 3*], tels que l'or et
» l'argent affinés, la porcelaine du Japon,
» le crystal de roche, les cailloux du Rhin,
» mais rougis dans un creuset, sous la
» moufle d'un fourneau de coupelle, de ma-
» nière à n'avoir aucun contact avec les
» effluves du charbon; les mêmes phéno-
» mènes auront lieu, à cela près que l'image
» projettée sur la toile sera plus nette, plus
» brillante ».

L'image projettée sur la toile est ici plus
nette et plus brillante, parce qu'aucune
partie des matières en expérience ne se

décompose, qu'il ne s'en exhale aucun principe particulier, aucune vapeur quelconque, et que les matières dont il s'agit sont seulement abondamment pénétrées et entourées d'un feu en expansion très-dense et très-pur. Ce feu en expansion étant contenu par-tout par l'air environnant, donne lieu à la raie brillante qui circonscrit l'ombre de ces corps ; mais il s'échappe à leur sommet, comme il a été dit ci-dessus.

L'auteur, après l'exposition de sa troisième expérience, dit que « puisque ces » derniers corps (*l'or*, *l'argent*, *la porcelaine*, *le crystal de roche*, *&c.*) sont inal- » térables au feu, que rien de volatil ne » s'en sépare, et que la chaleur seule » (comme on dit) les a pénétrés ; les efflu- » ves qui s'en échappent, ne peuvent être » que des flots de *fluide igné* ».

Il me paroît difficile de contester à l'auteur la conséquence qu'il vient de tirer, parce qu'elle est parfaitement fondée : aussi ceux qui auront lu tout ce que j'ai exposé dans les paragraphes 91 à 121, ne pourront-ils se refuser à l'évidence de l'existence du *fluide igné* dont parle l'auteur ; fluide auquel j'ai conservé le nom de *feu*, sous lequel il est plus généralement connu.

L'auteur dit que ce *fluide igné* n'agit, ne cause la chaleur, &c. que lorsqu'il est en mouvement. Il a encore raison. Mais quelle est la nature de ce mouvement? qu'est-ce qui le lui communique? qu'est-ce qui le lui fait perdre pour le réduire au repos? &c. &c. Ce sont des questions bien importantes que l'auteur ne s'est point faites, des objets essentiels qu'il n'a point essayé de traiter, et qu'on trouve amplement développées dans cette première partie de mon ouvrage.

« Le fluide igné est transparent, et sa » transparence est telle que les vapeurs les » plus légères l'altèrent toujours. Pour s'en » convaincre, il suffit de [*exp. 12*] compa- » rer, dans la chambre obscure, l'ombre » des exhalaisons de l'eau bouillante, à » celle des émanations d'un corps incan- » descent, inaltérable au feu ».

Si l'eau en vapeurs étoit de l'eau dila- tée, comme on l'a tant dit, elle seroit très- transparente, et ne troubleroit pas sensi- blement celle que possède le feu en ex- pansion, comme le prouvent les expérien- ces qu'on vient de citer. Mais les molé- cules de l'eau isolées, écartées les unes des autres, et entourées chacune d'une petite atmosphère de feu en expansion [257 à 269], forment ensemble une vapeur qui réfrange la lumière autant de fois qu'il y a d'atmosphères particulières, qui réfléchit en outre ceux des rayons qui rencontrent les molécules d'eau isolées, d'où naît une confusion dans les directions des rayons lumineux; confusion qui altère nécessairement la transparence de la vapeur dont il s'agit, ce que confirme l'expérience.

« Le fluide igné n'est pas simplement
» diaphane, il paroît lumineux, et toujours
» proportionnellement à sa densité : car les
» flots de ce fluide [*exp. 13*], qui s'échap-
» pent d'un corps enflammé ou incandes-
» cent, donnent toujours sur la toile une
» lueur plus vive que les légères émana-
» tions d'un corps simplement chaud ».

Cette proposition est très-vraie. Elle est la même que celle que j'ai exposée, avec un autre développement, dans le paragraphe 345. Je suis seulement bien aise de faire remarquer que l'auteur a été forcé par l'observation, de reconnoître que son *fluide igné* peut avoir des densités différentes. C'étoit le cas de se demander pourquoi et dans quelles circonstances la densité de ce fluide peut varier.

L'observation lui apprit même que ce fluide jouissoit (dans les circonstances où il l'examinoit) d'une force expansive; car il dit [*page* 9] : « à cette étonnante mobi- » lité, il joint une grande force expansive ». Enfin, plus loin il ajoute : « ce fluide est aussi compressible ».

Mais après avoir reconnu que son *fluide igné* pouvoit avoir des densités différentes, qu'il avoit une grande force expansive, et qu'enfin il étoit compressible ; avec quel étonnement ne voit-on pas le même auteur assurer [*page* 10] que le fluide igné dont il parle n'est point élastique.

Je ne crois pas qu'il soit nécessaire d'é- noncer ici les réflexions que peut faire naî- tre la vue de cette contradiction, ainsi que de quelques autres qu'on trouve dans le cours de l'ouvrage dont il est question. Je dirai seulement que plusieurs expériences intéressantes que l'auteur eut occasion de faire par le moyen ingénieux qu'il imagina, lui ont montré bien des choses que les autres physiciens ignoroient ; mais j'oserai ajouter que, prévenu sans doute par des opinions qu'il s'étoit formées trop précipi- tamment, il n'en a point tiré le parti qui pouvoit l'aider à découvrir les vérités en-

core

core inconnues sur les objets traités dans son ouvrage. Mais continuons l'examen de celles de ses expériences qui sont les plus décisives.

« Ce fluide est aussi compressible. Si » l'on suspend [*exp. 23*] un petit boulet » rouge sous un récipient de glaces, on » verra dans la chambre obscure l'atmo- » sphère ignée s'étendre à mesure qu'on » fait le vuide, et revenir à ses dimensions » primitives, à mesure qu'on fait rentrer » l'air ».

Ce principe dont j'ai si souvent parlé dans le cours de cette première partie de mon ouvrage, et qui consiste à dire que *l'air s'oppose constamment à l'expansion du feu* [49, 76 et *coroll. xvii*], tant qu'il n'en est pas dilaté; que conséquemment ce même air repousse et contient le feu en expansion, le resserre sur lui-même et le com- prime; ensorte que dans la combustion il le tient appliqué contre la matière qui brûle [207 et 208], et dans l'élévation de l'eau en vapeurs, il retient et conserve les pe- tites atmosphères que le feu en expansion forme autour de chaque molécule d'eau iso- lée [265 et 266]; ce principe, dis-je, est mis en évidence par l'expérience curieuse et décisive que je viens de citer. Cette même expérience peut servir de réponse à l'objection qu'on trouve dans la note *p.* 149, et à une partie de celle qu'on trouve *page* 246.

Comme je suis d'accord avec l'auteur sur la distinction qu'il fait de la matière du feu d'avec la matière de la lumière , je passe toutes les expériences qu'il rapporte pour établir et prouver cette distinction. Mais il regarde ces deux matières comme deux fluides particuliers, et je doute qu'il soit autorisé à penser ainsi. En effet, si le feu est véritablement un fluide , ce que j'ai dit par-tout dans mon ouvrage, la lumière ne me paroît nullement jouir de cette qualité : elle ne se répand pas à la manière des fluides. Mais continuons notre examen.

« Non-seulement le fluide de la lumière » est tout-à-fait différent du fluide igné , » mais le principe de la chaleur n'est point » dans les rayons solaires ; et voici sur quoi » j'appuie cette étrange assertion.

» Notre fluide se trouve dans tous les » corps, puisqu'on le voit échapper [*exp.* » 28], pour peu que leur température soit

» au-dessus de l'air ambiant (1) : mais loin
» que le foyer de ces rayons soit environné
» d'une atmosphère de fluide igné, comme
» cela devroit arriver s'ils étoient brûlans,
» on n'y découvre pas même le moindre
» vestige de ce fluide (2).

» Lorsqu'on expose à ce foyer [*exp.* 29]
» différens combustibles, on voit le fluide
» igné s'échapper de ces corps, en quan-
» tité proportionnelle au tems où ils y sont
» exposés, et au degré de chaleur dont ils
» sont susceptibles ».

Cette expérience 29 est évidemment con-
firmative de mes principes sur la matière du
feu, et sur son dégagement des corps qui
éprouvent la combustion [paragraphe 205
et suivans]. Il ne seroit pas aussi facile de
s'en accommoder dans la théorie de la combustion établie par les chymistes-pneuma-
tiques.

____

(1) Si l'auteur eût eu connoissance de mes principes,
il auroit dit ici : pour peu que la quantité de feu en expansion qui les pénètre, soit plus grande que celle qui
se trouve dans l'air et les autres corps environnans. Au
reste, sa proposition et le principe qu'il déduit de son
expérience 28, sont parfaitement fondés.

(2) J'ai établi et développé ce même principe dans les
paragraphes 333 à 336.

« Concluons que les rayons solaires ne
» sont autre chose que la matière de la
» lumière même, poussée [il vaut mieux
» dire *lancée*] en ligne droite par l'action
» du soleil; et que, s'ils produisent de la
» chaleur, ce n'est qu'autant qu'ils exci-
» tent dans les corps le *mouvement du*
» *fluide* igné contenu ».

Cette conclusion est assurément très-
fondée: mais quel est ce mouvement que
la matière de la lumière peut exciter dans
le *fluide igné* pour le mettre dans le cas
de causer la chaleur, de dilater les corps,
de rompre l'aggrégation des molécules des
corps concrets ou solides, &c. &c.? Est-ce
un mouvement de vibration communiqué à
ses particules? Comment concevoir un semblable mouvement dans les molécules libres
d'un fluide? Est-ce un mouvement de ro-
tation communiqué à ces mêmes molécules? A quoi serviroit-il, ou plutôt quels
effets pourroit produire un pareil mouvement dans les molécules d'un fluide? C'est
donc là le grand embarras; et, j'ose le dire,
cet embarras existera long-tems pour tous
les physiciens, tant qu'ils ne connoîtront
pas les différens états dans lesquels le feu
se trouve dans la nature; tant qu'ils ne

distingueront pas son état naturel [63, 129, 134, *coroll.* *VII* et *VIII*], de celui de condensation que différentes causes [314 et 332 à 339] peuvent lui faire acquérir; état qui, s'il se trouve libre, le constitue en expansion [155, 156, et *coroll.* *XI*], et lui donne alors une faculté singulièrement répulsive, celle enfin de dilater les corps qu'il pénètre, et souvent de rompre l'aggrégation de leurs parties, et même de détruire la combinaison de leurs principes en les séparant les uns des autres. J'ai assez développé ces objets, et on a vu que mes principes à cet égard sont appuyés sur tous les faits connus.

« Si le fluide igné differe absolument
» de la matière de la lumière, il ne differe
» pas moins du fluide électrique avec le-
» quel on l'a confondu : car on ne sauroit
» découvrir dans celui-ci la moindre cha-
» leur, malgré que sa lumière soit fort vive.

» En présentant la boule d'un thermo-
» mètre [*exp.* *31*], à une aigrette élec-
» trique, la liqueur ne monte point du
» tout; et en y présentant la main [*exp.*
» *32*], on ressent une impression de fraî-
» cheur, semblable à celle que produiroit le
» souffle léger du zéphyr ».

Z 3

Sans avoir jamais assuré positivement que la matière du feu et la matière électrique fussent la même substance, j'ai dit seulement [260] qu'il paroissoit que ces fluides avoient beaucoup d'analogie entre eux. En effet, les matières qui sont conductrices du fluide électrique, reçoivent avec beaucoup de facilité le *feu en expansion* [*voyez* 195, 196, et la note de la page 199]. Et si, dans les expériences ici citées, on remarque qu'une masse de matière électrique, telle qu'une aigrette de ce fluide, ne fait point du tout monter le thermomètre; ce qui, à la vérité, paroît la distinguer fortement d'une masse de feu en expansion qui produit un effet très-marqué; cela ne vient sans doute que de ce que la matière électrique traverse tous les corps qui la reçoivent ou la conduisent, avec une facilité beaucoup plus grande que celle qu'offre le feu en expansion, en traversant les corps qu'il pénètre le plus facilement.

En effet, la matière électrique traverse les métaux, l'eau et les autres substances conductrices de l'électricité, avec une promptitude incalculable, et qu'on ne peut comparer qu'à celle d'un éclair. On connoît assez la vîtesse avec laquelle la matière électrique traverse les corps électriques qui forment la chaîne, quelque grande qu'elle soit, qui rétablit la communication de la surface intérieure de la bouteille de Leyde avec sa surface extérieure. Or, l'extrême vîtesse de l'écoulement de la matière électrique dans cette expérience, prouve, selon moi, que le fluide électrique ne trouve point d'obstacle en traversant les corps qui forment la communication dont je viens de parler. Ce fluide ne doit donc faire aucun effort pour écarter les parties de ces corps, puisqu'elles ne le gênent point dans son écoulement ; il ne doit donc pas non plus les dilater, ni causer sur les animaux vivans la sensation qu'on nomme *chaleur*. Ainsi, cette faculté de traverser si rapidement les matières conductrices de l'électricité, peut être l'effet d'un état particulier du fluide qui est dans ce cas, sans prouver qu'il soit es-sentiellement différent de la matière du feu. Au reste, je n'ai pas d'opinion formée à cet égard, et je conviens qu'on trouve plusieurs bons motifs pour regarder, avec l'auteur, la matière électrique comme différente de celle du feu.

« Lorsqu'on examine, au microscope so-
» laire avec l'objectif seul, la flamme d'une

Z 4

» bougie [*exp. 48*], on voit le mouvement
» intestin du fluide igné même. Dans le cy-
» lindre qui fait partie de l'image de ce
» fluide, sans doute ce mouvement est trop
» rapide pour être apperçu ; mais on le voit
» bien nettement dans la touffe des jets
» qui la couronne.

» On le voit bien nettement aussi [*exp.*
» *49*] dans celle qui couronne l'image for-
» mée par le fluide igné, *s'échappant* du
» brasier, du fer rouge, du cuivre, de l'ar-
» gent, de l'or, du crystal et de tout au-
» tre corps incandescent.

» On le voit de même bien nettement
» [*exp. 50*], dans l'image d'une mèche de
» soufre qui brûle.

» Toutefois, comme ces jets sont des
» flots de fluide igné qui s'agitent en tour-
» billons, en soufflant légèrement sur le
» corps dont ils émanent, pour les diviser
» [*exp. 51*], on voit plus nettement en-
» core le mouvement de ce fluide.

» Enfin on le distingue au mieux dans
» l'image d'une parcelle de phosphore d'u-
» rine enflammée [*exp. 52*], vue au mi-
» croscope solaire, et dans celle de la flamme
» d'une bougie poussée au chalumeau, vue
» à l'aide de l'objectif seul ».

Dans toutes ces expériences, le fluide igné est apperçu, et on voit bien qu'il est en mouvement; mais quel est ce mouvement? d'où provient-il? Écoutons l'auteur de ces expériences.

« Le fluide igné est doué de force ex-
» pansive; car il devient le centre d'une
» sphère d'activité d'où il s'élance de toute
» part ».

Quelle est la cause qui le fait s'élancer de toute part?

« Cette force tient uniquement au *mou-*
» *vement intestin* des globules ignés, puis-
» qu'elle augmente et diminue avec leur
» vîtesse ».

D'où vient ce mouvement intestin?

« Rien de si simple à concevoir: il suffit
» qu'un corps en pousse un autre pour que
» cet effet ait lieu; car à l'instant que les
» globules s'entre-choquent, l'impulsion se
» change en répulsion; et comme les chocs
» les plus violens sont toujours au centre
» de la sphère d'activité, lorsque le feu a
» un foyer, la force répulsive doit toujours
» devenir excentrique ».

Ce beau raisonnement n'est pas aussi simple à concevoir pour moi, que son auteur se
l'est imaginé. D'abord, je voudrois savoir

quelle est la cause qui force les globules de s'entre-choquer. Je demande ensuite comment le mouvement communiqué à ces globules, puisqu'ils s'entre-choquent, ne va pas en s'affoiblissant, à mesure qu'il se distribue; ce qui devroit être. Ensuite j'observe qu'avec la plus petite quantité possible de feu en expansion, telle qu'une étincelle provenue du choc d'un briquet, je puis, en appliquant convenablement cette étincelle, produire un incendie immense, brûler une flotte, consumer une grande ville, &c. &c. Or, l'énorme quantité de fluide igné qu'on verra en mouvement dans ces immenses incendies, et qui sans doute étoit en repos l'instant d'auparavant, a donc été mis dans cet état d'expansion par l'étincelle que je viens de citer; et le mouvement de la petite quantité de globules ignés qui composoient cette étincelle, a donc pu, en se distribuant à tout le fluide igné qui s'est manifesté dans les grands incendies dont je parle, accroître sa force au lieu de s'affoiblir. Quoi, enfin! la même étincelle dont il s'agit, et qui en moins de quatre secondes peut produire la combustion complète du magasin à poudre le plus considérable, aura, elle seule, communiqué le mou-

vement à l'énorme quantité de fluide igné
qui dans l'instant se manifeste avec une
force d'expansion inexprimable ; et elle aura
produit un pareil effet uniquement par l'entre-choquement de ses globules, communiqué à celles du fluide igné en repos dans la
poudre ! Non, je ne reconnois point, dans
un pareil raisonnement, le caractère de
conviction qu'a toujours la vérité, lorsqu'elle est mise dans tout son jour ; je ne
reconnois point dans ces mouvemens intes-
tins des plus petites parties, ni dans leurs
entre-choquemens, la cause productrice
des grands incendies que je viens de citer ;
je n'y reconnois pas celle de l'inflammation
et de la destruction subite de deux cens
milliers de poudre à canon ; destruction qui
met en mouvement avec une force d'expansion incalculable, une énorme quantité
de fluide élastique, qui, l'instant d'avant,
paroissoit ne pas exister. Mais je sens intimement que la cause qui contient un ressort
venant à être supprimée, ce ressort se dé-
tend aussi-tôt avec une force et une vîtesse
relatives à son degré de tension et d'élasticité. Je sens ensuite que l'énorme quantité de fluide igné qu'on voit subitement
en expansion dans la combustion des deux

cens milliers de poudre dont je viens de parler, étoit auparavant fixé dans cette poudre, qu'il en faisoit partie constituante, que ce fluide infiniment élastique y étoit dans un état de condensation ou de resserrement très-considérable, et qu'engagé parmi les autres principes constituans de la poudre, ce fluide condensé y étoit contenu dans l'état de repos par les loix de la combinaison. Enfin je sens que lorsque la moindre quantité de feu en expansion [154 à 160], comme une seule étincelle, se trouve appliquée contre un grain de poudre, cette petite quantité de feu en expansion, qui pénètre le grain, en écarte subitement les parties aggrégées, en désunit ensuite les principes constituans, détruit leur combinaison, et met alors nécessairement en liberté, et par conséquent en expansion le feu fixé [143 et 144], qui faisoit partie constituante du grain de poudre. Cette nouvelle masse de feu en expansion, bien plus considérable que la première, est bientôt elle-même appliquée sur les grains de poudre voisins, en produit subitement la combustion par les mêmes causes, et bientôt de proche en proche la totalité de la poudre, quelle qu'en soit la quantité, subit la combustion. Cette combustion violente commence et s'achève dans un instant presque indivisible et en quelque sorte avec la promptitude de l'éclair, parce que la très-légère adhérence qu'ont entre elles les parties constituantes de la poudre, ce qui est le propre de cette combinaison [221], permet au feu en expansion qui pénètre un semblable composé, d'en détruire avec la plus grande facilité la combinaison des principes. On sent donc que la combustion d'une grande quantité de poudre à canon peut et doit se faire avec une extrême célérité [222], et que le résultat de cette combustion subite, est de laisser une masse énorme de fluide élastique dégagé, ayant un mouvement violent d'expansion, mais dont la force et la vîtesse vont en s'affoiblissant, à mesure que ce fluide élastique se rapproche de sa rarité naturelle.

On voit que, pour produire de semblables effets, la supposition du mouvement intestin des globules du fluide igné, de leur entre-choquement, qui fait changer le mouvement d'impulsion en celui de répulsion, &c. est un pauvre moyen dont on ne fait usage pour expliquer les phénomènes de la nature, comme l'a fait Buffon

(*Hist. Nat. Supplément, tome I, page 1 et suivantes*), que lorsqu'on n'a rien trouvé de mieux à dire sur ces matières.

D'après ce que je viens d'exposer, il est évident que la théorie du feu de l'auteur des expériences dont je parle, n'est pas la même que celle que j'ai développée dans cet ouvrage. Cependant, comme l'auteur dont il s'agit, a observé et bien distingué le fluide expansif en question dans les belles expériences qu'il a faites, il a énoncé plusieurs de mes principes, sans faire attention à leur conséquence, dans la théorie générale du feu.

J'ai dit, par exemple [49, 207, 261], que l'air mettoit beaucoup d'obstacle à l'expansion du feu ; qu'il la retardoit en y résistant jusqu'à ce qu'il en soit modifié, &c. ce qu'on a refusé de croire (voyez *l'objection de la page 149 et la réponse*). Or, voici à cet égard ce que les expériences de l'auteur lui ont fait remarquer.

« Ce concours de l'air [*page 23*] est né-
» cessaire à bien des égards (pour l'entre-
» tien du feu).

» D'abord, en ce qu'il *résiste à l'expan-*
» *sion du fluide igné*, ou plutôt, en ce qu'il
» *s'oppose à sa trop grande dissipation.*

» Si à l'aide d'un long tube vous soufflez
» doucement sur un corps chaud [*exp. 70*],
» le fluide qui en émane, y sera refoulé
» par l'impulsion de l'air; mais, au lieu
» de souffler, si vous aspirez fortement,
» ce fluide se précipitera dans le tube, où
» il trouve moins de résistance. Il se pré-
» cipitera avec plus d'impétuosité encore
» dans le tuyau d'aspiration de la machine
» pneumatique, si vous faites aller les pom-
» pes ».

L'auteur, qui a déjà prouvé ce principe
(*voyez* sa belle expérience sur la compression du fluide igné, p. 353), continue d'en
donner des preuves encore plus frappantes;
mais je ne crois pas convenable de le suivre par-tout, parce que cet *appendix* et
les remarques qu'il contient, forment une
espèce de digression dans mon ouvrage,
qui nuit à la rapidité de l'exposition de
mes principes, et qui par conséquent doit
avoir des bornes. Cela m'entraîneroit d'ailleurs, à discuter et réfuter certaines conséquences que l'auteur m'a paru avoir tirées
trop légèrement de ses observations et expériences, ce que je veux éviter.

J'invite, au reste, le lecteur à consulter
cet intéressant ouvrage, et sur-tout à ré-

péter les expériences curieuses que son ingénieux auteur a exécutées. Ces expériences sont très-importantes pour la véritable théorie du feu, que les chymistes pneumatiques n'ont assurément point entrevue ; enfin, elles présentent de bons moyens d'observer ce fluide, *lorsqu'il est en expansion*, de juger de la nature de son mouvement, et de ses relations immédiates avec l'air et autres matières environnantes.

FIN DU TOME PREMIER.

TABLE

Des principales Matières contenues dans ce Volume.

PREMIÈRE PARTIE.

LE FEU.

Tome I.   A a

FIN DE LA TABLE.

9 782013 590112